"十一五"国家科技支撑计划重点项目

黄河生态系统
保护目标及生态需水研究

连　煜　王新功　王瑞玲　葛　雷　娄广艳　著

黄河水利出版社

·郑州·

内 容 提 要

本书根据景观生态学的生态系统干扰和平衡理论，从河流生态系统和大尺度景观生态学的角度，构建了河流复合生态系统的研究平台，首次从流域层面对主要保护目标进行了识别和筛选，系统研究了黄河生态系统斑块—廊道—基质模式的稳定性和生态功能，深入分析了河流景观及演变趋势、景观结构生态异质性和适宜性，获得了基于流域层面的生态保护优先序，提出了以实现黄河健康为终极目标的河流生态空间布局与保护策略，初步提出了满足黄河生态安全的生态水量需求。

本书可供从事流域或河流生态保护与修复、水资源保护、流域生态环境问题和环境流等研究的科研人员及大专院校相关专业师生阅读参考。

图书在版编目(CIP)数据

黄河生态系统保护目标及生态需水研究/连煜等著.
郑州:黄河水利出版社,2010.12
ISBN 978 - 7 - 80734 - 945 - 7

Ⅰ.①黄…　Ⅱ.①连…　Ⅲ.①黄河 – 生态系统 –
环境保护 – 研究 ②黄河 – 生态系统 – 需水量 – 研究
Ⅳ.①X321.2

中国版本图书馆 CIP 数据核字(2010)第 236029 号

组稿编辑:王　琦　电话:0371 – 66028027　E-mail:wq3563@163.com

出　版　社:黄河水利出版社
　　　　　地址:河南省郑州市顺河路黄委会综合楼 14 层　　邮政编码:450003
发行单位:黄河水利出版社
　　　　　发行部电话:0371 – 66026940、66020550、66028024、66022620(传真)
　　　　　E-mail:hhslcbs@126.com
承印单位:河南省瑞光印务股份有限公司
开本:787 mm×1 092 mm　1/16
印张:11.75
字数:271 千字　　　　　　　　　　　　　印数:1—1 500
版次:2011 年 4 月第 1 版　　　　　　　　　印次:2011 年 4 月第 1 次印刷

定价:49.00 元

前　言

　　黄河流域地跨3个气候带,流经高原、山地、丘陵、平原等多种地貌单元,景观类型丰富多样。但受流域水资源短缺、水土流失和人类活动干扰影响,黄河水域和湿地生态系统的水生生物资源较为贫乏,保护性湿地的面积、功能和空间分布密度较小,相对其他主要江河而言,在系统基础生产力、生物多样性、抗性与活力等方面,都呈现为较低水平。

　　河流生态系统是流域生态系统最重要的组成部分,河流廊道是流域陆地景观中最重要的廊道,是流域内各缀块间的生态纽带,是陆生与水生生物间的过渡带,其发挥着物质传输、信息交流、提供栖息地等重要的生态环境功能。黄河河流生态系统中,位于水陆交错带的湿地是联系陆地生态系统和水生生态系统的桥梁与纽带,是维护流域生态安全尤其是水生态安全的重要基础,在维持流域生态完整性和结构稳定性方面发挥着重要作用。受流域地理、气候、水资源、人类干扰等因素影响,黄河水生生态系统简单而脆弱。但黄河上、中游许多土著或特有鱼类具有重要遗传与生态保护价值,是我国高原鱼类的资源宝库。因此,湿地和鱼类栖息地质量、数量是黄河健康的重要标志之一。

　　在黄河治理尤其是流域水资源的治理、开发和保护工作中,河流生态的保护日益受到管理者和公众的关注。国家相关部门和黄河流域各省区根据自然生态保护的要求,在重要保护群落和生境层面上已相继开展了保护性迹地生态系统的调查与研究工作,并划定了包括以湿地保护及鱼类种质资源保护为目标的自然保护区和种质资源保护区。对重要生态保护目标的调查、研究和自然保护区划定与管理等措施的实施,对黄河流域生态系统的修复、保护和良性维持,起到了积极的作用。

　　在流域层面上,黄河是一个复杂和大尺度的河流生态系统,流域空间分布迥异和生态结构多样的重要湿地景观与鱼类栖息生境,构建了黄河生态系统中的重要生态单元。从景观生态学的观点分析,黄河流域主要湿地和重要鱼类生境构成的生态斑块、以主要干支流为主体构建的生态廊道、流域草地和农业耕地形成的主要基质,共同组成了黄河流域复合生态系统。从景观生态学的观点去审视大尺度的黄河生态保护问题,具体生态斑块级别上的局部和单目标决策的保护研究,不能满足流域生态多目标和综合保护的要求。同样,仅仅通过实施局部生态群落、景观单元基础上的生态保护和修复管理,也不能统筹解决河流系统保护的问题,一些区域更可能因忽视水资源的支撑条件,对湿地景观进行过度修复或重建,产生大范围和流域性的生态失衡问题。

　　黄河水资源和水生态管理与决策的科学化,亟须获得流域层面生态保护的系统研究成果支持。本研究根据景观生态学的生态系统干扰和平衡理论,从河流生态系统的角度和大尺度景观生态学的观点,构建了河流复合生态系统的研究平台。从流域层面对主要保护目标进行了识别和筛选,分析了流域重要生态目标单元的生态功能和作用,系统地研究了黄河生态系统斑块—廊道—基质模式的稳定性和生态功能,探讨了河流景观结构与格局的稳定和发展、景观结构生态异质性和干扰影响的控制问题,以及重要生态目标构建和维持对黄河生态系统影响的性质、程度、范围及其意义，获得了基于流域层面的黄河生态保护优先序。从水资源支撑条件和生态干扰影响的角度，研究并揭示了变化水资源和人工适度干预对生态系统景观与结构功能的影响，研究提出了以实现黄河健康为目标的河流生态空间布局的适宜规模与保护策略，以及满足黄河生态安全的生态水量需求。

本书是"十一五"国家科技支撑计划重点项目"黄河健康修复关键技术研究"课题七的部分研究成果（课题编号：2006BAB06B07）。本研究成果对流域管理机构的水资源管理和水生态保护与修复工作有重要借鉴作用，对促进黄河健康目标的实现有重要的生态学意义。在课题研究与本书编写过程中，黄委刘晓燕副总工、黄河水资源保护科学研究所曾永所长给予了悉心指导和帮助，课题组成员黄锦辉、宋世霞、黄翀、韩艳利、黄文海、彭渤等也付出了辛勤的劳动，在此表示感谢！在课题研究中，协作单位北京师范大学、中国科学院地理科学与资源研究所、中国水产科学院黄河水产研究所、北京安河清源信息技术有限公司，以及黄委国科局、总工办、规计局、水调局等单位有关领导和专家给予了大力支持与帮助，书中第1章黄河流域概况中引用了《黄河流域综合规划修编》的部分成果，在此一并表示感谢！

由于黄河水生态保护的研究与探索尚处于起步阶段，以及黄河流域水生态的复杂性与多变性，系统的研究成果资料缺少，许多区域水生态历史状况不清，给本课题研究带来了较大的困难与不确定性，因此本书难免存在一些错误与不足之处，敬请领导、专家以及各界人士批评指正。

作 者
2010 年 10 月

目 录

第1章 黄河流域概况

黄河是我国的第二大河,流域西起巴颜喀拉山,东临渤海,北界阴山,南至秦岭,中有六盘、吕梁等群山,分布有世界上最大的黄土高原。黄河发源于青藏高原巴颜喀拉山北麓的约古宗列盆地,自西向东流经青海、四川、甘肃、宁夏、内蒙古、陕西、山西、河南、山东9省(区),在山东省垦利县注入渤海(见图1-1),干流河道全长5 464 km,流域面积79.5万 km²(含内流区4.2万 km²)。与其他江河不同,黄河流域上中游地区的面积占总面积的97%;长达数百千米的黄河下游河床高于两岸地面,面积只占流域总面积的3%。

流域生态系统的发育和发展依赖于流域气候、地形、水、土壤等生态因素的综合作用。黄河流域独特的地形地貌、气候、水资源、土壤等自然特征是流域森林、草原、水域、湿地、荒漠、农田和城市等各类生态系统发育与演变的自然基础。

1.1 自然概况

1.1.1 地形地貌

地形地貌是自然地理物质基础,黄河流域地貌复杂,地势高差较大,高原和山地面积较广,垂直带谱类型复杂多样,而且与水平带谱相互交错,加强了流域自然景观地域分异的复杂性,对流域自然景观的形成与演变有着深刻的影响。黄河流域地势西高东低,形成自西而东、由高及低的三级阶梯。

第一阶梯为黄河河源区所在的青藏高原,平均海拔4 000 m以上,山岭海拔达5 500~6 000 m。其南部的巴颜喀拉山脉构成与长江流域的分水岭,祁连山横亘高原北缘,形成青藏高原与内蒙古高原的分界。阶梯的东部边缘北起祁连山东端,向南经临夏、临潭,沿洮河,经岷县直达岷山。主峰高达6 282 m的阿尼玛卿山耸立中部,是黄河流域最高点。呈西北—东南方向分布的积石山与岷山相抵,使黄河绕道而行,形成"S"形大弯道。第一阶梯形成具有高寒特征的自然区,并且通过对气流运行的阻障或加强作用,影响到流域广大范围内的自然地理过程。

第二阶梯为上游部分和中部黄土高原地区,地势较为平缓,地形破碎,大致以太行山为东界,海拔一般为1 000~2 000 m,白于山以北属内蒙古高原的一部分,包括黄河河道平原、鄂尔多斯高原两个自然地理单元,白于山以南为黄土高原和汾渭盆地等较大的地貌单元,这一带是黄河流域水旱灾害的主要发生地。横亘于黄土高原南部的秦岭山脉是我国自然地理上亚热带与暖温带的南北分界线,许多复杂的气象、水文、泥沙现象出现在这一地带。

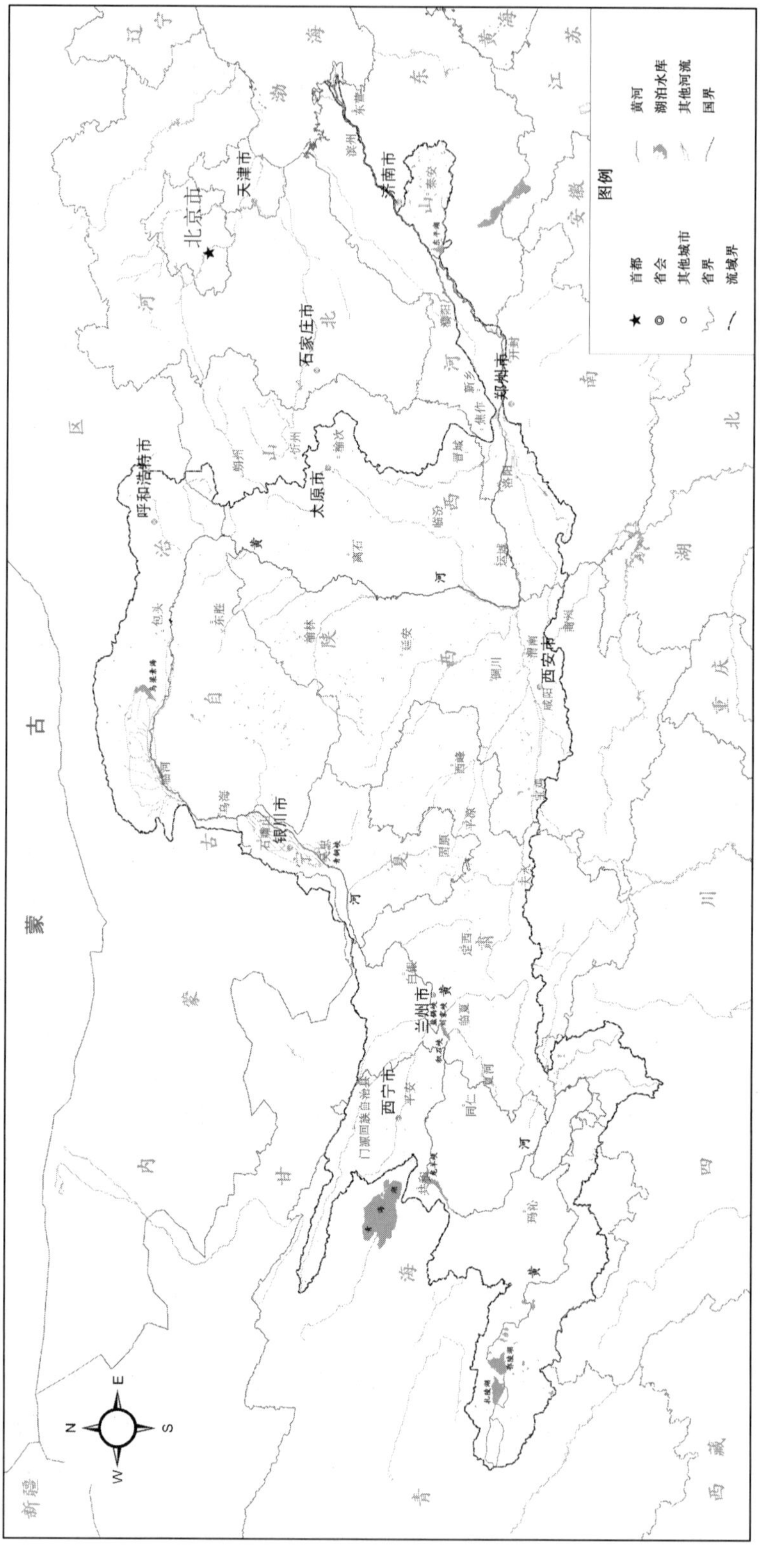

图 1-1　黄河流域行政区划图

第三阶梯为流域东部下游地区,地势低平,绝大部分海拔在100 m以下,包括黄河下游冲积平原、鲁中丘陵和河口三角洲。鲁中低山丘陵由泰山、鲁山和蒙山组成,海拔一般为500~1 000 m,丘陵浑圆,河谷宽广,少数山地海拔在1 000 m以上,地表平坦,土壤肥沃深厚,人类活动频繁。黄河流入本区后,河道比降降低,河床抬高,形成举世闻名的"地上悬河"。

1.1.2 气候

气候是流域生态系统中最重要的生态因子之一,直接影响着生物的形态结构、生理功能以及生物的数量和分布;同时也间接影响其他环境因子,如土壤特性、河流形成等,这些环境因子对生物的生存和发展起着重要作用。

黄河流域属大陆性气候,各地气候条件差异明显,东南部基本属半湿润气候,中部属半干旱气候,西北部为干旱气候,流域各区域不同的气候条件对黄河不同类型生态系统的形成起着决定性作用。

1.1.2.1 降水

黄河流域年降水量分布总的趋势是由东南向西北递减,全流域按降水量特征大致可划分为4个区。其中湿润区年降水量800~1 600 mm,主要分布在秦岭石林山区及太子山区,面积约1.3万km²。半湿润区年降水量400~800 mm,黄河流域大部分地区属于半湿润区,分布于除河源外的兰州以上和河口镇以下的广大地区,面积48.9万km²,为流域的主要农业区。半干旱区年降水量200~400 mm,气候干燥,主要分布在河源区和唐乃亥至循化区间以及兰州至河口镇黄河右岸地区,面积20.9万km²,是流域的主要牧业区。干旱区年降水量小于200 mm,为流域最干旱区,面积4.1万km²,分布在沙漠入侵的三条通道处,即青海和鄂拉山之间的共和一带,祁连山和贺兰山之间的甘肃景泰、宁夏卫宁一带,内蒙古乌海、巴彦高勒一带以及宁蒙河套灌区和狼山部分山区。河套灌区是宁夏、内蒙古自治区的农业基地,主要依靠黄河过境水发展农业生产。

黄河流域半湿润区占流域总面积的65%,干旱、半干旱区占流域总面积的33.2%,湿润区仅占流域总面积的1.8%。

1.1.2.2 蒸发

黄河流域水面蒸发量的地区分布与降水量分布趋势相反,由东南向西北增加。兰州以上地区除贵德—循化黄河河谷地区和鄂拉山至青海南山间沙漠入侵黄河通道地带水面蒸发数值较高外,一般约850 mm;兰州以下地区以1 200 mm为界,年蒸发1 200 mm线西北一侧为半干旱、干旱区,除宁蒙灌区、清水河上游为1 400 mm外,其余地区均为1 600~1 800 mm;祁连山与贺兰山、贺兰山与狼山之间是两条沙漠入侵通道,为西北干燥气流主要风口,蒸发能力强。年蒸发1 200 mm线东南一侧为半湿润、湿润区,蒸发量由西北向东南逐渐降低,一般为800~1 200 mm。

1.1.2.3 气温

黄河流域根据温度的差异跨越南温带、中温带和高原气候区3个温度带。黄河源区为高原亚寒带,上游为温带,可细分为高原温带和中温带,自中游以下和渭河流域为暖温带。黄河流域所属的3个气候带划分为8个气候区(见表1-1)。

表 1-1　黄河流域气候区气候特征

气候带	气候区	干燥度	年降水量 （mm）	≥10 ℃积温 （℃）	1月平均气温 （℃）	年极端最低 气温（℃）
高原 气候区	河源湖南 半干旱区	1.5 ~ 3.5	250 ~ 350	< 1 500	-17 ~ -11	-48 ~ -28
	青川甘 湿润区	0.6 ~ 1.1	550 ~ 800	270 ~ 1 500	-11 ~ -8	-36 ~ -26
	上游 半干旱区	1.0 ~ 1.5	400 ~ 500	90 ~ 1 200	-17 ~ -10	-41 ~ -25
中温带	青甘宁 半干旱区	1.3 ~ 2.5	350 ~ 550	1 800 ~ 2 900	-11 ~ -6	-30 ~ -20
	黄河上游 干旱区	3.0 ~ 7.0	150 ~ 300	2 500 ~ 3 300	-15 ~ -8	-36 ~ -28
	晋陕蒙 半干旱区	1.6 ~ 2.9	350 ~ 500	2 200 ~ 3 400	-15 ~ -9	-35 ~ -27
南温带	陕甘晋 半干旱区	1.1 ~ 2.0	450 ~ 600	2 900 ~ 4 500	-8 ~ -1.5	-28 ~ -18
	黄河中下游 半湿润区	1.0 ~ 1.5	550 ~ 750	3 000 ~ 4 600	-5.5 ~ 0	-27 ~ -19

1.1.3　河流水系

黄河水系的发育,在流域北部和南部主要受阴山—天山和秦岭—昆仑山两大纬向构造体系控制,西部位于青海高原"歹"字形构造体系的首部,中间受祁连山、吕梁山、贺兰山"山"字形构造体系控制,东部受新华夏构造体系影响,黄河迂回其间,从而发展成为今天的水系。黄河水系的特点是干流弯曲多变、支流分布不均、河床纵比降较大(见图 1-2)。

1.1.3.1　干流

黄河干流河道全长 5 464 km,弯曲多变。黄河干流河道根据流域特征,分为上、中、下游 3 个河段。

1)上游河段

自河源至内蒙古托克托县的河口镇为黄河上游,干流河道长 3 472 km,流域面积 42.8 万 km²,汇入的较大支流(流域面积大于 1 000 km²,下同)有 43 条。龙羊峡以上河段是黄河径流的主要来源区和水源涵养区,也是我国三江源自然保护区的重要组成部分。玛多以上属河源段,多为草原、湖泊和沼泽,河段内的扎陵湖、鄂陵湖,蓄水量分别为 47 亿 m³ 和 108 亿 m³,是我国最大的高原淡水湖;玛多至玛曲区间,黄河流经巴颜喀拉山与阿

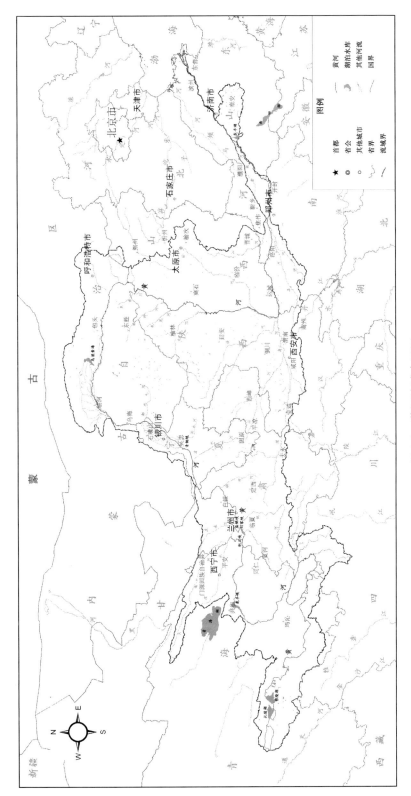

图 1-2　黄河流域水系图

尼玛卿山之间的古盆地和低山丘陵,人部分河段河谷宽阔;玛曲全龙羊峡区间,黄河流经高山峡谷,水量相对丰沛,水流湍急,水力资源较丰富;龙羊峡至宁夏境内的下河沿,川峡相间,落差集中,水力资源十分丰富,是我国重要的水电基地;下河沿至河口镇,黄河流经宁蒙平原,河道展宽,比降平缓,两岸分布着大面积的引黄灌区,沿河平原不同程度地存在洪水和冰凌灾害,本河段流经干旱地区,降水少,蒸发大,加之灌溉引水和河道侧渗损失,致使黄河水量沿程不断减少。

2)中游河段

河口镇至河南郑州桃花峪为黄河中游,干流河道长 1 206 km,流域面积 34.4 万 km²,汇入的较大支流有 30 条。该河段内绝大部分支流地处黄土高原地区,水土流失十分严重,是黄河洪水和泥沙的主要来源区。河口镇至禹门口河段是黄河干流上最长的一段连续峡谷,水力资源丰富,峡谷下段有著名的壶口瀑布。禹门口至潼关河段,黄河流经汾渭地堑,河谷展宽,河长约 130 km,河道宽、浅、散、乱,冲淤变化剧烈,河段内有汾河、渭河两大支流相继汇入。潼关至小浪底河段,河长约 240 km,是黄河干流的最后一段峡谷;小浪底以下河谷逐渐展宽,是黄河由山区进入平原的过渡河段。

3)下游河段

桃花峪以下为黄河下游,干流河道长 786 km,流域面积 2.3 万 km²,汇入的较大支流只有 3 条。现状河床高出背河地面 4~6 m,比两岸平原高出更多,成为淮河和海河流域的分水岭,形成举世闻名的"地上悬河"。从桃花峪至河口,除南岸东平湖至济南区间为低山丘陵外,其余全靠堤防挡水,历史上堤防决口频繁,目前悬河、洪水依然严重威胁着黄淮海平原地区的安全。黄河下游两岸大堤之间滩区面积约 3 160 km²,有耕地 375 万亩(1 亩 =1/15 hm²,余同),居住人口 189.5 万人。

宁海以下为河口段,河道长 92 km,随着入海口的淤积—延伸—摆动,入海流路相应改道变迁,摆动范围北起徒骇河口,南至支脉沟口。现状入海流路是 1976 年人工改道清水沟后形成的新河道,位于渤海湾与莱州湾交汇处,是一个弱潮陆相河口。随着河口的淤积延伸,1953 年以来至小浪底水库建成前,年平均净造陆地面积约 24 km²。

根据水沙特性和地形、地质条件,黄河干流可分为上、中、下游共 11 个河段,各河段特征值如表 1-2 所示。

1.1.3.2 支流

黄河支流众多,左、右岸支流呈不对称分布,沿程汇入疏密不均,来水来沙量相差悬殊。在直接入黄支流中,大于 100 km² 的 220 条,兰州以上有支流 100 条,其中大支流 31 条,多为产水较多的支流;兰州至托克托有 26 条,其中大支流 12 条,均为产水较少的支流;托克托至桃花峪有支流 88 条,其中大支流 30 条,绝大部分为多沙支流;桃花峪以下有支流 6 条,大小各占一半,水沙来量有限。黄河最大的支流为渭河,它在流域面积、来水量、来沙量方面,均居各支流之首。洮河和湟水的来水量分别居第二位和第三位,无定河和窟野河的来沙量分别居第二位和第三位。

渭河、汾河、湟水、伊洛河、沁河等支流是黄河的重要来水河流,但由于湟水(流经西宁市)、汾河(流经太原市、临汾市等)、渭河(流经天水、宝鸡、咸阳、西安、渭南等市)、伊洛河(流经洛阳市、巩义市等)、沁河(流经晋城、武陟等城市)、大汶河(流经泰安、莱芜、新泰等城市)流域人口相对较集中,沿岸工农业发展迅速,经济地位重要,水污染严重,对黄河干流水质影响较大。黄河流域重要支流特征值如表1-3所示。

表1-2 黄河干流各河段特征值

河段	起讫地点	流域面积 (km²)	河长 (km)	落差 (m)	比降 (‰)	汇入支流 (条)
全河	河源—河口	794 712	5 463.6	4 480.0	8.2	76
上游	河源—河口镇	428 235	3 471.6	3 496.0	10.1	43
	1.河源—玛多	20 930	269.7	265.0	9.8	3
	2.玛多—龙羊峡	110 490	1 417.5	1 765.0	12.5	22
	3.龙羊峡—下河沿	122 722	793.9	1 220.0	15.4	8
	4.下河沿—河口镇	174 093	990.5	246.0	2.5	10
中游	河口镇—桃花峪	343 751	1 206.4	890.4	7.4	30
	1.河口镇—禹门口	111 591	725.1	607.3	8.4	21
	2.禹门口—小浪底	196 598	368.0	253.1	6.9	7
	3.小浪底—桃花峪	35 562	113.3	30.0	2.6	2
下游	桃花峪—河口	22 726	785.6	93.6	1.2	3
	1.桃花峪—高村	4 429	206.5	37.3	1.8	1
	2.高村—陶城铺	6 099	165.4	19.8	1.2	1
	3.陶城铺—宁海	11 694	321.7	29.0	0.9	1
	4.宁海—河口	504	92	7.5	0.8	0

注:1.汇入支流是指流域面积在1 000 km²以上的一级支流;

2.落差以约古宗列盆地上口为起点计算;

3.流域面积包括内流区。

表1-3 黄河流域重要支流特征值

河流名称	集水面积 (km²)	起点	终点	干流长度 (km)	平均比降 (‰)	多年平均径流量(亿m³)
渭河	134 766	甘肃省渭源县鸟鼠山	陕西潼关县港口村	818.0	1.27	89.89
汾河	39 471	山西省宁武县东寨镇	山西河津县黄村乡柏底村	693.8	1.11	18.47
湟水	32 863	青海海晏县洪呼日尼哈	甘肃永靖县上车村	373.9	4.16	49.48
伊洛河	18 881	陕西蓝田县	河南巩义市巴家门	446.9	1.75	28.32
沁河	13 532	山西省平遥县黑城村	河南武陟县南贾汇村	485.1	2.16	13.00
大汶河	9 098	山东省沂源县	山东省陈山口	239.0	0.70	18.20

1.1.4　土壤

土壤是流域陆地生态系统的基础,黄河流域土壤是在自然条件和人为作用下经过长期发育形成的,呈典型纬向分布。流域南部洮河、渭河和洛河流域土壤类型主要为紫色土、石灰土和风沙土;流域中纬度地区青铜峡以南,包括源区和下游地区,土壤类型以栗褐土、黑垆土、棕钙土、灰漠土、棕漠土和黄绵土等为主;流域北部地区土壤类型以褐土、黑土、黑钙土和栗钙土为主。

1.1.5　植被

黄河流域地势起伏剧烈,地貌、土壤类型多样,生境丰富,为各种植被的发育创造了有利条件,形成了多种多样的植被类型。

受海拔、气温、日照、季风等影响,兰州以西地区绝大部分植被以高寒草甸、灌丛和高寒草原为主,仅在湟水谷地部分分布有温带草原。兰州以下至鄂尔多斯草原、库布齐沙漠的植被分布以草原类型为主,间杂部分灌木。黄河流域的西北部,气候干燥,降雨稀少,以荒漠植被为主,仅在与腾格里沙漠接壤边缘生长有部分沙生植被。

黄河出内蒙古高原后,流入黄土高原,森林和中生灌丛的发育十分微弱,植被分布极为稀疏,且受人类长时间开发活动影响,原始植被已破坏殆尽。流域南部的秦岭、东部的支脉伏牛山及太行山脉西麓和吕梁山地,山势高峻,个别山峰海拔 3 000 m 以上,植被有明显的垂直分异,分布有针叶林、山地落叶阔叶林、灌丛、草甸等植被。

黄河下游林带属落叶阔叶林带,流域范围内受人类活动影响,多为人工栽培植被分布,即人工林、经济林、水浇农田和旱作农田,下游大堤内侧滩地主要被利用为旱作农田。黄河三角洲内无地带性植被类型,植被的分布受水分、土壤含盐量、潜水水位与矿化度、地貌类型以及人类活动的影响,木本植物很少,以草甸景观为主,植物区系的特点是植被类型少、结构简单、组成单一。在天然植被中,以滨海盐生植被为主,其次为沼生和水生植被。灌木柽柳分布范围较广,阔叶林仅在部分地区有分布。

1.2　社会经济背景

黄河流域社会背景、经济发展特征、人口分布特点等是流域生态环境变迁的社会基础。黄河流域是我国重要的粮食基质、能源矿产基质、重化工业和高新技术产业基地,是实施西部大开发和中部崛起战略的重要区域,黄河流域有色金属矿产富集,能源储量丰富,土地资源潜力巨大。流域内人类社会活动频繁。

1.2.1　经济发展

黄河流域横跨我国东、中、西部三个经济地带,受自然地理及国家宏观政策影响,各地区经济发展很不平衡。面积广大的上中游地区大部分属中西部地区,社会经济发展相对滞后。截至 2006 年底,黄河流域国内生产总值仅占全国 GDP 的 7% 左右,人均 GDP 比全国人均 GDP 低 20% 左右。随着西部大开发、中部崛起等发展战略的实施,国家经济政策向中西部倾斜,流域社会经济发展迅速,黄河流域中上游地区成为我国的能源基地,工业化和城市化进程加快,经济规模快速增长。尽管如此,2007年黄河流域GDP仅占全国的8%,人均GDP约为全国人均的90%,在全国仍属落后地区。

1.2.2　工业生产

黄河流域已初步形成了工业门类比较齐全的格局,其中电力、煤炭、造纸、化工、石油、钢铁、机械制造、纺织、皮革、电子等工业占较大比重,依靠煤炭、电力、石油和天然气等优势能源,形成了以兰州为中心的石油重化工基地,以包头、太原等城市为中心的全国著名的钢铁生产基地和铝生产基地,以山西、内蒙古、宁夏、陕西、河南等省(区)为中心的煤炭重化工生产基地。建成了我国著名的中原油田和胜利油田以及长庆和延庆两个油气田。西安、太原、兰州等城市机械制造、冶金工业等也有很大发展,另外,轻工行业尤其是造纸行业在黄河宁蒙河段、汾渭流域、沁蟒河流域等区域分布较为广泛。

但总体来看,与全国其他地区比较,黄河流域工业生产仍然相对落后,资源依赖程度大,部门结构尚不完善,重工业比重大,技术结构比较落后,高耗水,重污染,效益相对偏低,缺乏规模化、集约化、行业化生产和经营,污染治理设施投入严重不足,对黄河流域生态环境影响较大。

1.2.3　农业生产

黄河流域的农业生产具有悠久的历史,是我国农业经济开发最早的地区,主要农业基地多集中在灌溉条件好的平原及河谷盆地,广大山丘区的坡耕地粮食单产较低。黄河流域总耕地面积为24 361.54万亩,耕垦率为20.4%。黄河上中游地区还有宜农荒地约3 000万亩,占全国宜农荒地总量的30%,是我国重要的后备耕地。2006年农田有效灌溉面积为7 870.94万亩,灌溉率为32.3%,低于全国耕地灌溉率(35%左右),农村人均灌溉面积1.14亩,基本接近于全国平均水平。黄河流域主要作物有小麦、玉米、谷子、棉花、油料、烟叶、瓜果等,小麦、棉花、瓜果等农产品在全国占有重要地位。

1.2.4　人口分布

黄河流域涉及青海、四川、甘肃、宁夏、内蒙古、陕西、山西、河南和山东9省(区)的66个地市(州、盟)、340个县(市、旗),其中有267个县(市、旗)全部位于黄河流域,73个县(市、旗)部分位于黄河流域。黄河流域特别是上中游地区还是我国贫困人口相对集中的区域,青海、宁夏两省(区)贫困人口分别占本省总人口的54.8%和48.4%。受气候、地形、水资源等条件的影响,流域内各地区人口分布不均,全流域70%左右的人口集中在龙门以下地区,而该区域面积仅占全流域的32%左右。花园口以下是人口最为稠密的河段,人口密度达633人/km²,而龙羊峡以上河段人口密度只有5人/km²。

1.2.5　土地利用

土地利用方式影响土地植被状况和土壤状况,直接影响水文循环条件,进而对流域生态环境产生深远影响。地貌、气候和土壤的差异,形成了复杂多样的土地利用类型,不同地区土地利用情况差异很大,流域内共有耕地2.44亿亩,农村人均耕地3.5亩,约为全国农村人均耕地的 1.4 倍。林地 1.53 亿亩,牧草地 4.19 亿亩,林地主要分布在中下游,牧草地主要分布在上中游。

1.3 资源状况及演变趋势

1.3.1 水资源状况

1.3.1.1 水资源分区

黄河流域划分为 8 个二级区、29 个三级区(包括独立二级区)、44 个四级区(包括独立二级区和独立三级区)。黄河流域水资源利用二级分区结果如表 1-4 所示。

表 1-4 黄河流域水资源利用二级分区结果

黄河水资源利用分区			计算面积 (万 km²)	备注
一级区	二级区、省(区)	编码		
1	8	D000000	79.504 0	
黄河	龙羊峡以上	D010000	13.134 0	青海、四川、甘肃
	龙羊峡—兰州	D020000	9.109 0	青海、甘肃
	兰州—河口镇	D030000	16.364 4	甘肃、宁夏、内蒙古
	河口镇—龙门	D040000	11.127 3	内蒙古、陕西、山西
	龙门—三门峡	D050000	19.110 8	甘肃、宁夏、陕西、山西、河南
	三门峡—花园口	D060000	4.169 4	陕西、山西、河南
	花园口以下	D070000	2.262 1	河南、山东
	内流区	D080000	4.227 0	宁夏、内蒙古、陕西

1.3.1.2 河川径流量

根据 1956~2000 年资料系列计算,黄河流域水资源总量 647.0 亿 m³,其中天然河川径流量 534.79 亿 m³,占水资源总量的 82.6%,地表水与地下水之间不重复计算量 112.2 亿 m³,占水资源总量的 17.4%。

黄河干支流主要水文站水资源总量基本特征如表 1-5 所示。

1.3.1.3 分区水资源总量

黄河流域多年平均分区水资源总量 719.4 亿 m³,其中分区地表水资源量 607.2 亿 m³,分区地表水与地下水之间不重复计算量 112.2 亿 m³。黄河流域水资源总量主要分布于龙羊峡以上、龙羊峡—兰州及龙门—三门峡等二级区,这三个二级区水资源量分别占黄河流域水资源总量的 29.1%、18.7% 和 22.3%,其中地表水资源量分别占流域地表水资源总量的 34.3%、21.9% 和 20.4%。从各省(区)分布来看,青海最多,占黄河流域水资源总量的 29.0%;甘肃次之,占 17.3%;宁夏和山东最少,分别占 1.52% 和 3.28%。

表 1-5 黄河干支流主要水文站水资源总量基本特征

河流	水文站	集水面积 （万 km²）	河川天然 径流量（亿 m³）	断面以上地表水与地下水 之间不重复计算量（亿 m³）	水资源总量 （亿 m³）
黄河 干流	唐乃亥	12.20	205.15	0.46	205.61
	兰州	22.26	329.89	2.02	331.91
	河口镇	38.60	331.75	24.70	356.45
	龙门	49.76	379.12	43.39	422.51
	三门峡	68.84	482.72	80.01	562.73
	花园口	73.00	532.78	88.05	620.83
	利津	75.19	534.79	103.47	638.26
湟水	民和	1.53	20.53	1.10	21.63
渭河	华县	10.65	80.93	16.86	97.79
泾河	张家山	4.32	18.46	0.57	19.03
北洛河	㳇头	2.52	8.96	1.09	10.05
汾河	河津	3.87	18.47	12.81	31.28
伊洛河	黑石关	1.86	28.32	2.84	31.16
沁河	武陟	1.29	13.00	3.25	16.25
大汶河	戴村坝	0.83	13.70	6.97	20.67
黄河流域		79.50	534.79	112.21	647.00

黄河流域水资源总量分布情况如表 1-6 所示。

1.3.1.4 水资源可利用量

黄河流域在现状下垫面情况下,1956～2000 年 45 年系列黄河多年平均天然径流量为 534.79 亿 m³,根据河流生态环境需水分析,黄河多年平均河流生态环境需水量为 200 亿～220 亿 m³(主要为输沙用水量),据此,黄河地表水可利用量为 314.79 亿～334.79 亿 m³。黄河及其主要支流现状水资源可利用量如表 1-7 所示。

1.3.1.5 水化学特征

黄河天然水化学状况,主要受流域气候、降雨径流、土壤植被、地质地貌等自然环境制约。目前,黄河水资源已高度开发利用,天然水化学状况已经受到人类活动的影响。

受自然条件制约,黄河流域地表水的矿化度在地区分布上差异很大,矿化度变幅在 159～39 900 mg/L。300 mg/L 低矿化度水主要分布在黄河源区、秦岭北麓支流,面积仅占流域总面积的 10.4% ;300～500 mg/L 中矿化度水主要分布在兰州以下,面积占 41.9% ;500 mg/L 以上高矿化度水主要分布在清水河、苦水河等降雨较少、蒸发较大的区域,面积占 47.4%。

表 1-6　黄河流域水资源总量分布

二级区 省（区）	面积 （万 km²）	降水总量 （mm）	地表水资源量 （亿 m³）	山丘区 Pr （亿 m³）	山丘区 Rg （亿 m³）	平原区 Pr （亿 m³）	平原区 Rg （亿 m³）	水资源 总量	年均产水 模数 （万 m³/km²）
龙羊峡以上	13.13	628	208.8	80.4	80.2	0.6	0.3	209.3	15.9
龙羊峡—兰州	9.11	436	132.8	54.9	53.6	0.5	0.2	134.4	14.8
兰州—河口镇	16.36	428	17.7	16.0	4.7	11.8	0.5	40.4	2.5
河口镇—龙门	11.13	482	44.1	20.0	14.0	17.4	4.8	62.8	5.6
龙门—三门峡	19.11	1 033	123.7	52.8	42.5	29.4	3.1	160.3	8.4
三门峡—花园口	4.17	275	55.1	31.1	26.2	3.3	0.2	63.1	15.1
花园口以下	2.26	146	22.5	12.6	7.1	10.1	0.2	37.9	16.8
内流区	4.23	115	2.6	0.2	0.1	8.6	0.0	11.4	2.7
青海	15.23	668	206.8	88.4	87.4	1.1	0.5	208.5	13.7
四川	1.70	119	47.5	11.1	11.1	0.0	0.0	47.5	27.9
甘肃	14.32	667	122.1	44.9	42.5	0.5	0.3	124.7	8.7
宁夏	5.14	148	9.5	3.9	3.6	1.1	0.4	10.9	2.0
内蒙古	15.10	408	20.9	16.4	5.1	24.5	0.5	56.2	3.7
陕西	13.33	705	90.7	29.6	27.2	30.6	7.1	116.6	8.7
山西	9.71	506	49.5	39.9	26.0	10.2	0.1	73.7	7.6
河南	3.62	229	43.6	19.5	16.4	12.0	0.2	58.5	16.2
山东	1.36	94	16.7	12.6	7.1	1.7	0.2	23.6	17.4
黄河流域	79.50	3 544	607.2	266.2	226.4	81.7	9.3	719.4	9.0

注：Pr 指地下水的降水入渗补给量；Rg 指河川基流量。

表 1-7　黄河及其主要支流现状水资源可利用量

河流	天然 径流量 （亿 m³）	水资源 总量 （亿 m³）	河流生态 环境需水量 （亿 m³）	地表水 可利用量 （亿 m³）	地表水可利 用率（%）	水资源可 利用总量 （亿 m³）	水资源总量 可利用率 （%）
黄河	534.79	647.00	200~220	314.79 ~ 334.79	58.9 ~ 62.6	396.33 ~ 416.33	61.2 ~ 64.3
湟水（民和）	20.53	21.64	8.26	12.27	59.8	1 305	60.3
洮河（红旗）	48.25	48.41	22.10	26.15	54.2	26.26	54.3
渭河（华县）	80.93	98.00	54.25	26.68	33.0	38.63	39.4
汾河（河津）	18.47	31.29	5.72	12.75	69.0	21.72	69.4
伊洛河 （黑石关）	28.32	31.15	12.89	15.43	54.5	17.41	55.9

流域内总硬度小于 150 mg/L 的软水分布面积占流域总面积的 6.3%，150～300 mg/L 的硬水分布面积占 62.9%，300～450 mg/L 的硬水分布面积占 14.9%，450 mg/L 以上的极硬水分布面积占 15.9%。硬度合适的水面积占流域面积的 69.2%。河水总硬度随矿化度的增加而增加，地区分布规律与矿化度基本相同。

1.3.2　水资源特点

黄河水资源具有年际变化大、年内分配集中、空间分布不均等我国北方河流的共性，同时还具有水少沙多、水沙异源、水沙关系不协调等特性。

1.3.2.1　水少沙多，水沙异源，水沙关系不协调

黄河虽为我国的第二条大河，但多年平均河川径流量仅为 534.8 亿 m^3，占全国多年平均河川径流量的 2%，居我国七大江河的第五位（小于长江、珠江、松花江和淮河）。2006 年流域耕地亩均占有多年平均河川径流量 220 m^3，仅为全国亩均河川径流量的 15%；流域人均占有河川径流量 473 m^3，为全国人均河川径流量的 23%。实际上，扣除调往外流域的 100 多亿 m^3 水量，流域内人均和耕地亩均水量则更为稀少。

黄河多沙，举世闻名。三门峡站多年平均（1956～2000 年）实测输沙量为 11.2 亿 t，平均含沙量达 31.3 kg/m^3，在国内外大江大河中居首位。沙多是黄河复杂难治的症结所在。为减缓下游河道淤积，又必须留有一定的输沙入海水量，使黄河水少的矛盾更加突出。

黄河水沙关系不协调，突出表现为水沙在时间和空间上不匹配。黄河流域上游地区径流量占黄河的 62%，输沙量仅占 7%，而黄河中游径流量占黄河的 38%，输沙量却占 93%。其中河口镇—龙门区间，集水面积占黄河流域面积的 14%，径流量占黄河径流量的 9%，实测输沙量却占黄河龙门、华县、河津、洑头输沙量的 54%。黄河上游的来沙系数为 0.06 kg·s/m^6，河口镇—龙门区间的来沙系数却高达 0.65 kg·s/m^6，黄河支流渭河华县的来沙系数也达到 0.23 kg·s/m^6。在年内分布上，黄河来沙量比径流量更为集中，黄河流域汛期径流量一般占全年径流量的 60% 左右，而输沙量占全年输沙量的 80% 以上，主要支流输沙量占全年输沙量的 90% 以上。

多泥沙河流的自然条件造就了黄河独特的河流生态系统，水体的泥沙限制了黄河水生生物的生长，但对河流河漫滩湿地的形成，特别是河口湿地的维持，却具有重要意义。同时黄河水少沙多也是黄河复杂难治的症结所在，因为有限的水资源还必须承担一般清水河流所没有的输沙任务，这使黄河水少的矛盾更加突出，进一步加剧了流域生态问题向恶化的方向发展。

1.3.2.2　年际变化大，年内分配集中，连续枯水期长

黄河是降水补给型河流，黄河流域又属典型的季风气候区，降水的年际、年内变化决定了河川径流量时间分配不均。黄河干流各站最大年径流量一般为最小年径流量的 3.1～3.5 倍，支流一般达 5～12 倍；径流年内分配集中，干流及主要支流汛期 7～10 月径流量占全年的 60% 以上，且汛期径流量主要以洪水形式出现，中下游汛期径流含沙量较大，利用困难，非汛期径流主要由地下水补给，含沙量小，大部分可以利用。黄河自有实测资料以来，相继出现了 1922～1932 年、1969～1974 年、1977～1980 年、1990～2000 年的连

续枯水期,四个连续枯水期平均河川天然径流量分别相当于多年均值的74%、84%、91%和83%。

黄河河川径流年际变化大,年内分配集中,连续枯水段长,因此开发利用黄河河川径流就必须进行调节。

1.3.2.3　水土资源分布不一致

黄河流域及下游引黄灌区具有丰富的土地资源,但水土资源分布很不协调。大部分耕地集中在干旱少雨的宁蒙沿黄地区,中游汾河、渭河河谷盆地以及当地河川径流较少的下游平原引黄灌区。

由于水沙异源、水土资源分布不一致的状况,黄河水资源的开发利用必须统筹兼顾除害兴利以及上中下游各地区、各部门的关系,统一调度全河水量,上游水库调蓄和工农业用水必须兼顾下游工农业用水和输送中游泥沙用水。

1.3.3　水资源演变趋势

1.3.3.1　水资源量近20年来明显减少

近20年来,由于气候变化和人类活动对下垫面的影响,黄河流域水资源情势发生了变化,黄河中游变化尤其显著,水资源数量明显减少。比较第二次水资源评价的1980～2000年和第一次水资源评价的1956～1979年两个时段水文系列,黄河流域平均降水总量减少了7.2%,而天然径流量和水资源总量却分别减少了18.1%和12.4%。

引起黄河水资源量明显减少的原因:一是降水偏枯,二是流域下垫面条件变化导致降雨径流关系变化。以人类活动较少的黄河源区为例,地表水资源量减少主要是降水量减少引起的。黄河中下游地区由于农业生产发展、水土保持生态环境建设、雨水集蓄利用以及地下水开发利用等活动,改变了下垫面条件,降水径流关系发生明显改变,尤其黄河中游更加突出,在同等降水条件下,河川径流量比以前有所减少。

随着水土保持作用的发挥和近20年降水量尤其是暴雨次数的减少,进入黄河下游的沙量也相应减少。黄河三门峡站1956～1979年实测输沙量14.2亿t,1980～2000年实测输沙量7.8亿t,减少了45%。

1.3.3.2　黄河流域水资源量未来变化趋势

黄河流域水资源量主要受降水量和下垫面条件的影响。对于未来30年的降水量,目前尚不能确定有趋势性变化的结论。下垫面条件的变化直接影响产汇流关系的改变,在未来30年的时期内,黄土高原水土保持工程的建设、地下水的开发利用都将影响产汇流关系向产流不利的方向变化,即使在降水量不变的情况下,天然径流量也将进一步减少。此外,水利工程建设引起的水面蒸发量的增加也将减少天然径流量。

根据黄河流域综合规划成果,2020年黄河流域河川径流量将比目前减少约15亿 m^3,2030年将比目前减少20亿 m^3。

1.3.4　水资源开发利用状况

现状黄河流域各类工程总供水量512.08亿 m^3,其中向流域内供水422.73亿 m^3,向流域外供水89.35亿 m^3。流域内供水量中,以地表水为主,地表水供水量285.55亿 m^3,

占流域内总供水量的 67.5%;地下水供水量 137.18 亿 m³,占流域内总供水量的 32.5%。从 1980 年以来的供水构成来看,黄河流域地表水供水量相对稳定,地下水供水量有所增加,但青、甘、蒙 3 省(区)对地表水的依赖程度较高,达 80% 以上;宁夏最高,达 90% 以上。

现状黄河流域内各部门总用水量 422.74 亿 m³,其中农林牧渔畜用水 312.90 亿 m³,占总用水量的 74.0%;工业、建筑业和第三产业用水 76.67 亿 m³,占总用水量的 18.1%;生活用水(包括城镇生活、农村生活)29.45 亿 m³,占总用水量的 7.0%;生态用水 3.72 亿 m³,占总用水量的 0.9%。

黄河流域河川径流开发利用呈现相对集中的特点,主要集中在黄河干流宁蒙河套平原、中下游引黄灌区(大部分为流域外用水),以及渭河、汾河、湟水、大汶河、伊洛河、沁河等河谷盆地。其中,城镇生活及工业用水主要集中在兰州河段、宁蒙河段、汾渭流域、伊洛河和大汶河流域,生活和工业用水总量占流域生活和工业用水总量的 80% 左右。

根据 1995~2007 年统计资料,黄河流域平均地表水资源量为 424.7 亿 m³,平均地表水供水量为 366.7 亿 m³,地表水开发利用率为 86%,地表水消耗率达到 71%,超过地表水可利用率。黄河主要支流汾河、沁河、大汶河等开发利用率也达到较高水平。地下水供水量 140.1 亿 m³,占地下水资源量的 37%,但地区分布不平衡,部分地区地下水已经超采,部分地区尚有一定的开采潜力。

1.3.5 水能开发利用状况

黄河流域水力资源比较丰富,水力资源理论蕴藏量和技术可开发资源量在我国七大江河中居第二位。水力资源主要集中在干流玛曲—龙羊峡、龙羊峡—青铜峡、河口镇—龙门和潼关—花园口 4 个河段,其中龙羊峡—青铜峡河段和河口镇—禹门口河段,是国家重点开发建设的水电基质。截至 2007 年,黄河干流已建、在建的 28 座水电站,总装机容量 18 944.8 MW,年平均发电量总计 633.5 亿 kWh,分别占技术可开发量的 55.4% 和 52.1%,是全国大江大河中开发程度较高的河流之一。水库大坝建设在防洪、供水、灌溉、发电、旅游等方面为人类社会带来了巨大的经济效益,但同时也对生态系统产生了胁迫效应,突出表现为大坝阻隔破坏河流纵向连通性,水库调蓄改变河流水文情势,使鱼类生境条件发生较大改变,造成土著鱼类物种资源衰减。

第2章 黄河流域生态系统特征及敏感生态单元

2.1 流域生态系统特征

黄河流域横跨青藏高原、内蒙古高原、黄土高原和华北平原四个地貌单元、三大地形阶梯,跨越干旱、半干旱、半湿润等多个气候带和温带、暖温带等多个温度带,形成了极为丰富的流域生境类型和河流沿线各具特色的生物群落。黄河流域农业生产历史悠久,社会背景复杂,人类活动频繁,流域生态环境深受人类活动的影响。从河源区到河口区随高度梯度、水分梯度、人类活动强弱等形成了丰富多样的景观类型,同一景观类型由于微地貌、区域小气候、水文条件、土壤条件及人类活动程度等的不同,又形成了生态系统和群落尺度上的多样性。

同时,由于黄河流域大部分地区位于干旱、半干旱地区,水资源十分贫乏,而水沙关系不协调和水污染严重又加剧了流域水资源的短缺,制约了流域生态系统的平衡。流域分布有世界上面积最大的黄土分布区——黄土高原,水土大量流失,植被破坏严重,流域生态环境脆弱。在流域气候条件、水资源条件制约下,加之流域人类活动的频繁干扰,流域生态系统极度脆弱,对水土资源开发响应强烈。

黄河流域自然概况及生态环境特征如表2-1所示。

黄河上游、中游、下游及河口三角洲地区生态系统特征如下。

2.1.1 黄河上游地区

(1)黄河源区。该区具有海拔高、气温低、降水少、较干燥等高原大陆性气候特点,社会经济活动相对较弱。青藏高原孕育了独特的生物区系和植被类型,分布、栖息着许多青藏高原特有种,生物种类相对较为丰富,除湟水谷地分布着温带草原外,绝大部分地区为高寒草甸、灌丛和高寒草原。该区湿地资源丰富,是许多珍稀、特有水禽以及土著鱼类——高原冷水鱼的重要栖息地。该区具有重要的涵养水源功能,地表水径流量占黄河地表水径流总量的38.4%。受地形地貌、气候等因素影响,黄河源区生态环境具有脆弱性、敏感性、典型性等基本特点。

(2)上游其他区域。河套平原区降水量少,干燥度和蒸发量大,植被类型以耐旱草本植物和农田植被为主,是我国重要的农业生产基地,人类活动频繁;鄂尔多斯高原区气候干旱,属风沙地貌,植被覆盖度较低,处于干旱半干旱向湿润区、戈壁沙漠向黄土、荒漠化草原向森林带的过渡区,是各种景观类型的交错集中地,区内物种繁多,且多为单种科和寡种属,其生物多样性的保护极为重要。高原内盐碱湖泊湿地众多,生境特殊。近些年来,鄂尔多斯高原人类活动频繁,高原植被破坏现象严重。

表 2-1 黄河流域自然概况及生态环境特征

区域	生态类型	地形地貌	干燥度	蒸发量(mm)	温度带	气候	土壤类型	植被类型	环境特征	生态环境特征
上游	河源生态	>3 000 m 青藏高原	半干旱	850	高原区	高原半干旱气候	高山草原土、高山草甸土	高寒草原、草甸	地势高,气候寒冷干燥,降雨偏少,日照时数长,人类活动少	以高寒草原植被为主,生物量较大,生产力较低;生境特殊,形成了独特的生物区系,栖息着许多青藏高原特有种;湿地资源丰富,具有重要的生态意义;生态环境脆弱
	高原河谷生态	3 300~4 500 m 青藏高原	半湿润	850	高原区	北亚热带、暖温带等气候	灰钙土、栗钙土、高山草甸土、亚高山草甸土	高寒草甸、草原、阔叶林	气候寒冷干燥,山势陡峭,河道狭窄,人类活动少	以高寒沼泽化草甸和草本沼泽为主,植被覆盖度较高;生境特殊,生境独特,栖息着许多青藏高原特有种;湿地资源丰富,具有独特的生态意义;生态环境脆弱
	河套平原生态	900~1 200 m 鄂尔多斯高原	干旱	1 400~1 800	高原区、中温带	大陆性干旱半湿润气候	灰钙土、灌淤土、棕钙土、盐土等	半干旱草原、灌丛	干燥度和蒸发量大,降水量少,河道宽广,人类活动干扰严重	重要的灌溉农业区,农业生态系统特征明显;植被类型丰富,以半干旱草原、干旱荒漠草原,农田植被为主
	鄂尔多斯高原生态	1 300~1 500 m 鄂尔多斯高原	干旱	1 400~1 800	中温带	温带季风气候	棕钙土、黄沙土、风沙土	半干旱草原、灌丛	气候干旱,风沙地貌,风蚀严重,高原内盐碱湖泊众多	位于生态地理过渡带,具有复杂多样的环境条件和生态特点,生境独特;内陆盐沼湿地资源丰富,盐碱湖内的部分生物种类为黄河流域特有种;生态环境脆弱

区域	生态类型	地形地貌	干燥度	蒸发量 (mm)	温度带	气候	土壤类型	植被类型	生态环境特征	
									环境特征	生态特征
中游	黄土高原生态	1 000~2 000 m 黄土高原	半湿润	900~1 400	中温带	暖温带半干旱气候	黄绵土、潮土	灌丛和矮林	气候干旱，蒸发量大，土质疏松	植被覆盖度较低，生产力不高，生物多样性较弱，生态环境脆弱，水土流失严重
	汾渭平原生态	325~800 m 汾渭盆地	半湿润、湿润	900~1 200	南温带	半湿润半干旱气候	黄垆土、潮土、褐土等	阔叶林	水资源丰富，气候适宜，土质肥沃，人为干扰严重	重要的农业区，农田生态系统特征明显，农业生产对流域水资源耗用量较大
	山地生态	1 000 m 以上 太行山、秦岭余脉	半湿润	700	南温带	暖温带山地季风气候	棕壤土、褐土、潮土	阔叶林	海拔高，地形复杂，是重要的自然地理分界线	位置重要，生境类型复杂，植被类型多样，生物多样性较高
下游	下游冲积平原生态	<100 m 黄淮海平原	半湿润	1 000~1 200	南温带	暖温带大陆性气候	潮土	阔叶林	气候温和，水资源紧缺，地势阔，河道淤积严重，泥沙淤滞严重，人为干扰严重	重要的农业区，农田生态系统人工特征明显，旱涝灾害严重，地呈带状分布，物种丰富
	鲁中丘陵生态	400~1 000 m 鲁中山山地	半湿润	1 000~1 200	南温带	暖温带大陆性季风气候	黄垆土、褐土	阔叶林	气候温和，湿润，人为活动频繁	生境复杂，植被覆盖度较高，生物多样性较高
	河口三角洲生态	<15 m	半湿润	1 000~1 200	南温带	暖温带半湿润大陆性季风气候	滨海盐土、潮土	草本沼泽	地势平坦，气候温和，淡水资源贫乏，成陆时间短	咸淡水生境交错，为典型的生态交错区，生物多样性较高，湿地自然资源丰富，生态环境脆弱

2.1.2　黄河中游地区

黄河中游地区横跨黄土高原、汾渭盆地、崤山、熊耳山、太行山山地等。黄土高原土质疏松、坡陡沟深、植被稀疏、暴雨集中、水土流失严重、生态环境脆弱；汾渭盆地气候适宜，土质肥沃、物产丰富、人类活动频繁、植被以农田植被为主，是重要的农业产区；崤山、熊耳山、太行山山地海拔高，是重要的自然地理分界线，生境和地形复杂，生物多样性较高。由于泥沙含量大，黄河中游地区水系鱼类组成简单，在平原河段河道宽浅，摆动频繁，形成大面积的河漫滩湿地。

2.1.3　下游及河口三角洲地区

在黄河下游地区，黄河流经黄淮海平原、鲁中丘陵、黄河三角洲。黄淮海平原气候温和，地势平坦，是黄河流域重要的农业基地。受人类活动影响，农田生态系统、人工生态系统特征明显。黄河下游主河道淤积严重，旱涝灾害严重，防洪形势严峻。黄河两岸大堤内外侧形成大面积的滩地、背河洼地(沼泽湿地)，呈带状分布。湿地物种资源丰富；鲁中丘陵生境复杂，植被覆盖度较高，生物多样性较高。

黄河三角洲地域广阔，处于海陆生态交错区，生物多样性较高，湿地资源丰富。

2.2　流域敏感生态单元

为维护国家和黄河流域生态安全，保护生物多样性，国家有关部门在黄河流域划定了重要生态功能区、水功能区、生态脆弱区及自然保护区等不同类型的保护区。

2.2.1　重要生态功能区

《全国生态功能区划》根据各生态功能区对保障国家生态安全的重要性，初步确定了50个重要生态服务功能区域，其中黄河流域有以下6个。

(1)三江源水源涵养重要区。该区位于青藏高原腹地的青海省南部，行政区涉及玉树、果洛、海南、黄南4个藏族自治州的16个县，面积为250 782 km²。该区是长江、黄河、澜沧江的源头汇水区，具有重要的水源涵养功能，被誉为"中华水塔"。此外，该区还是我国最重要的生物多样性资源宝库和最重要的遗传基因库之一，有"高寒生物自然种质资源库"之称。

(2)若尔盖水源涵养重要区。该区即四川省境内黄河流域区，位于川西北高原的阿坝藏族羌族自治州境内，包括若尔盖中西部、红原、阿坝东部，是黄河与长江水系的分水地带，面积为16 950 km²。区内地貌类型以高原丘陵为主，地势平坦，沼泽、牛轭湖星罗棋布。植被类型以高寒草甸和沼泽草甸为主；其次有少量亚高山森林及灌草丛分布。这些生态系统在水源涵养和水文调节方面发挥着重要作用；此外，在维系生物多样性、保持水土和防治土地沙化等方面也发挥着重要作用。

(3)甘南水源涵养重要区。该区地处青藏高原东北缘，甘肃、青海、四川3省交界处，是黄河首曲所在地，位于甘肃省甘南藏族自治州的西北部，面积为9 835 km²。该区植被类型以草甸、灌丛为主,其次还有较大面积的湿地生态系统。这些生态系统具有重要的水源涵养功能和生物多样性保护功能。此外,还有重要的土壤保持、沙化控制功能。

(4)黄土高原丘陵沟壑区土壤保持重要区。该区位于黄土高原地区,行政区涉及甘肃省的庆阳、平凉、天水、陇南、定西、白银,宁夏回族自治区的固原和陕西省的延安、榆林,面积为 137 044 km²。该区地处半湿润、半干旱季风气候区,地带性植被类型为森林草原和草原,具有土壤侵蚀和土地沙漠化敏感性程度高的特点,是土壤保持极重要区域。

(5)毛乌素沙地防风固沙重要区。该区位于鄂尔多斯高原向陕北黄土高原的过渡地带,行政区涉及内蒙古自治区的鄂尔多斯市、陕西省榆林市、宁夏回族自治区银川市等,面积为49 015 km²。该区属内陆半干旱气候,发育了以沙生植被为主的草原植被类型,土地沙漠化敏感性程度极高,是我国防风固沙的重要区域。

(6)黄河三角洲湿地生物多样性保护重要区。该区地处黄河下游入海处三角洲地带,行政区涉及山东省垦利、利津、河口和东营 4 个县(区),面积为 2 445 km²。区内湿地类型主要有灌丛疏林湿地、草甸湿地、沼泽湿地、河流湿地和滨海湿地 5 大类。湿地生物多样性较为丰富,是珍稀濒危鸟类的迁徙中转站和栖息地,是保护湿地生态系统生物多样性的重要区域。

黄河流域重要生态功能区范围及生态保护主要方向如表 2-2 所示。

表 2-2 黄河流域重要生态功能区范围及生态保护主要方向

重要生态功能区名称	涉及区域	生态保护主要方向
三江源水源涵养重要区	位于青海省南部,涉及玉树、果洛、海南、黄南 4 个州的 16 个县,面积 250 782 km²	严格保护具有水源涵养功能的植被,限制各种不利于保护水源涵养功能的经济社会活动和生产方式;加强生态恢复与生态建设,提高草地、湿地等生态系统的水源涵养功能
若尔盖水源涵养重要区	四川省境内,包括若尔盖中西部、红原、阿坝东部,面积 16 950 km²	
甘南水源涵养重要区	地处青藏高原东北缘,青海、甘肃、四川 3 省交界处,面积 9 835 km²	
黄土高原丘陵沟壑区土壤保持重要区	包括甘肃的庆阳、平凉、天水、陇南、定西、白银,宁夏的固原,陕西的延安、榆林,面积 137 044 km²	退耕还林还草,进行小流域综合治理,严格资源开发的生态监管,控制地下水过度利用
毛乌素沙地防风固沙重要区	位于鄂尔多斯高原向陕北黄土高原的过渡地带,涉及内蒙古的鄂尔多斯市、陕西的榆林市、宁夏的银川市,面积 49 015 km²	加强植被恢复和保护;改变粗放生产经营方式;合理利用水资源,保护沙区湿地
黄河三角洲湿地生物多样性保护重要区	地处黄河下游入海处三角洲地带,涉及山东省垦利、利津、河口和东营 4 个县(区),面积 2 445 km²	保障黄河入海口的生态需水量,严格保护河口新生湿地;加强自然保护区建设和管理;保护自然生态系统与重要物种栖息地,防止生态建设导致栖息环境的改变;维护生态系统的完整性

2.2.2 水功能区

水功能区划分的目的是根据区域水域的自然属性,结合社会需求,协调整体与局部的关系,确定水域的功能及功能顺序,为水域的开发利用和保护管理提供科学依据,以实现水资源的可持续利用。我国水功能区划分采用两级体系,即一级区划和二级区划。水功能一级区划分保护区、缓冲区、开发利用区、保留区四类;水功能二级区划在一级区划的开发利用区内进行,分为饮用水源区、工业用水区、农业用水区、渔业用水区、景观娱乐用水区、过渡区、排污控制区七类。其中,保护区是指对水资源保护、自然生态系统及珍稀濒危物种的保护有重要意义的水域;保留区是指目前开发利用程度不高,为今后开发利用和保护水资源而预留的水域。

根据《中国水功能区划》,黄河流域 176 条(个)河湖共划分水功能区一级区 354 个,其中保护区 111 个、保留区 34 个,主要分布于干支流源区及对自然生态、珍稀濒危物种保护具有重要意义的河段。黄河干流划分一级功能区 18 个,其中保护区 2 个,分别是玛多源头水保护区、万家寨调水水源保护区;保留区 2 个,分别是青甘川保留区、河口保留区。根据《水功能区管理办法》,保护区应遵守现行法律法规的规定,禁止进行不利于功能保护的活动;保留区作为今后开发利用预留的水域,原则上应维持现状。

2.2.3 生态脆弱区

黄河流域是我国生态脆弱区分布面积最大、脆弱生态类型最多、生态脆弱性表现最明显的流域之一。根据《全国生态脆弱区保护规划纲要》,我国有 8 大生态脆弱区,其中黄河流域主要分布有青藏高原复合侵蚀、西南山地农牧交错、西北荒漠绿洲交接、北方农牧交错、沿海水陆交错带等生态脆弱区。黄河流域各生态脆弱区的重点区域生态保护主要方向如表 2-3 所示。

表 2-3　黄河流域各生态脆弱区的重点区域生态保护主要方向

生态脆弱区名称	分布范围	重点区域生态保护主要方向
青藏高原复合侵蚀生态脆弱区	青海三江源地区	以维护现有自然生态系统完整性为主,恢复天然植被,减少水土流失。加强生态监测,严格控制人类经济活动,保护冰川、雪域、冻原及高寒草甸生态系统,遏制生态退化
西南山地农牧交错生态脆弱区	四川阿坝州等	严禁过垦、过牧和无序开矿等破坏植被行为
西北荒漠绿洲交接生态脆弱区	河套平原及贺兰山以西	以水资源承载力评估为基础,重视生态用水,以水定绿洲发展规模,限制水稻等高耗水作物的种植,严格保护自然生态本底

生态脆弱区名称	分布范围	重点区域生态保护主要方向
北方农牧交错生态脆弱区	主要分布于北方干旱半干旱草原区,涉及蒙、晋、陕、甘等省(区)	以实施退耕还林、还草和沙化土地治理为重点;发展替代产业和特色产业,降低人为活动对土地的扰动;合理开发、利用水资源,增加生态用水量
沿海水陆交错带生态脆弱区	我国东部水陆交错地带	合理调整湿地利用结构,退耕还湿;加强湿地及水域生态监测,防止水体污染,保护滩涂湿地及近海海域生物多样性

2.2.4 自然保护区

国家相关部门为保护珍贵和濒危动、植物以及各种典型的生态系统,保护珍贵的地质剖面,截至 2007 年,在黄河流域共建立了森林生态、湿地生态、野生动植物等各类型自然保护区 167 个(见附表),总面积 14.1 万 km^2 ,占流域总面积的 17.7% ,是黄河流域生态保护的重点区域。

第3章 黄河流域河流生态系统特征及保护目标

3.1 河流生态系统特征

黄河河流生态系统是指直接依赖河川径流滋养的水生生态系统和湿地生态系统,是一个复合生态系统(见图3-1)。其中,水生生态系统主要指流动的水体,属流水生态系统;湿地生态系统地处河流水域和陆域生态系统的连接处,其水体更换缓慢,包括河漫滩、河心洲(滩)、牛轭湖、沼泽、滩涂、浅水湖等,属静水生态系统。

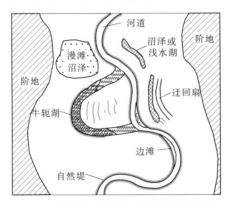

图 3-1 黄河河流生态系统结构示意图

黄河河流生态系统是流域生态系统的重要组成部分,河流廊道是流域陆地景观中最重要的廊道,是流域内各缀块间的生态纽带,是陆生与水生生物间的过渡带,具有物质传输、信息交流、提供栖息地等重要的生态学意义。流域是河流生态系统的外源影响因素,其气候、地质地貌特征和土地利用状况等决定着流域内河流的径流、河道形态、基质类型等理化特征,这些因素对河流生态系统的特征具有深远影响。

黄河河流生态系统是黄河健康生命有机体的一个重要组成部分,在维持黄河健康中具有重要的作用。一方面,黄河河流生态系统作为一个完整的河流生态走廊,是黄河物质循环和水分循环的重要通道;另一方面,它具有涵养水源、调蓄洪水、净化水质、调节气候、提供用水及生物栖息地、保护生物多样性等生态功能。只有河流生态系统的正常运行,才有河流内及其周边地区生态系统的维持和繁荣。因此,维持黄河健康很重要的一点就是要维持黄河河流生态系统的良性循环。

黄河河流生态系统有三个突出特点:

(1)上、中、下游生境差异很大。黄河贯穿了流域内不同的地理和气候带,融合了不同自然地带的生态特点,形成了丰富多变、上中下游异质的河流生境,进而深刻影响着河流生物群落的组成和结构。

（2）河漫滩湿地发育广泛。由于黄河泥沙含量高，河势游荡多变，主流摆动频繁，黄河上中下游平原河段，形成广阔的河漫滩湿地，大面积的河漫滩不仅在黄河洪水泥沙滞蓄、生物多样性保护、水质净化及区域生态平衡等方面发挥着重要作用，长期以来，沿黄河漫滩湿地还是人类聚居与农业开发的重要场所。

（3）大多数河段已高度人工化。黄河是中华民族的摇篮，长期以来，黄河流域一直是人类活动非常剧烈的地区，早在春秋时期黄河就有了堤防工程，这改变了黄河水沙运动和河道冲淤的天然规律，2 000 多年前黄河中下游就已经是一条受人类影响较大的河流。新中国成立以来，为适应社会经济的快速发展，黄河的来水来沙被人类进一步约束，至 20 世纪 90 年代，地表径流利用率达 70%以上，洪水量级削减 50%以上。目前，除唐乃亥以上的河源区和局部峡谷河段外，其他河段多已人工化或半人工化，如黄河下游滩地虽为黄河洪水泥沙的通道和沉积地，但上千年来，滩区同时也是人类的栖息地，目前是 189.5 万人生活和生产的场所。

3.2　河流生态系统保护目标

黄河河流生态系统中，位于水陆交错带的湿地是联系陆地生态系统和水生生态系统的桥梁与纽带，具有保持物种多样性、涵养水源、调节气候、拦截和过滤物质流、稳定毗邻生态系统及净化水质等重要生态功能。湿地生态系统是河流生态系统的重要组成部分，同时，湿地又和森林、草原、沙漠等生态系统一起构成了流域生态系统，且与流域其他生态系统相互影响、相互制约，甚至相互转变。流域生态演替和退化的诸多方面，如林草覆盖率降低、水土流失、荒漠化面积扩大、河流廊道水生和陆生动植物减少等，都与流域内湿地的赋存状态变化有密切关系。湿地是维护流域生态安全，尤其是水生态安全的重要基础，湿地与森林、草原等生态系统一起对维持流域生态完整性和结构稳定性发挥着重要作用。

受流域地理、气候、水资源、人类干扰等因素影响，黄河水生生态系统简单而脆弱，但许多土著或特有鱼类具有重要遗传与生态保护价值，是我国高原鱼类的资源宝库。

综上所述，湿地和鱼类栖息地质量、数量是黄河河流健康的重要标志，国家相关部门划定的湿地自然保护区、水产种质资源保护区、重要生态功能区等是河流生态系统重要的组成部分，是黄河流域重要的生态保护目标。

3.3　黄河湿地

3.3.1　湿地分布

黄河穿越多种地貌类型，干流及支流迂回于山脉和平原之间，加上黄河自身多泥沙及摆动频繁的特点，形成了黄河流域相对丰富的湿地资源。其主要分布于黄河源区、若尔盖草原区、宁夏平原区、内蒙古河套平原区、毛乌素沙地、小北干流、三门峡库区、下游河道及河口三角洲等区域。

3.3.1.1　黄河源区湿地

黄河源区是第一阶梯上第一个湿地集中分布区,河源区盆地自西向东由 3 个小盆地串联呈带状,湿地分布在带状盆地内。最西是约古宗列盆地,海拔 4 500 m 上下,东西长 20 多 km,南北宽 16 km。盆地内散布着众多水泊,水泊之间是水草丰美的沼泽化草甸。约古宗列曲从中穿过。星宿海是约古宗列盆地下游的另一个盆地,是一片辽阔的沼泽滩地,东西长 20 多 km,南北宽 10 km。滩地上水泊密布,犹如群星灿烂。由星宿海向东,到达扎陵湖、鄂陵湖,扎陵湖、鄂陵湖被列入国际重要湿地名录,两湖周围有众多大小不等的水泊和沼泽。

本区湿地是多种高原特有珍稀鸟类的重要栖息场所,同时也是黄河特有土著鱼类的重要栖息地;黄河源区湿地对黄河径流有良好的天然调节作用,对调节黄河源头水量、滞留沉积物、净化水质、防洪蓄水和调节当地气候具有重要作用,素有"中华水塔"之称。黄河源区湿地对流域的作用主要表现为涵养水源和维持流域生态系统的平衡。

3.3.1.2　若尔盖草原区湿地

黄河流出鄂陵湖之后,向东偏南流经阿尼玛卿山与巴颜喀拉山之间,抵达岷山后再折向西北,其往返于若尔盖地区,形成著名的黄河第一曲和广袤的大草原。若尔盖草原地势平缓,海拔 3 500～3 600 m,属于高寒地区。草原上丘陵起伏平缓,丘顶浑圆,河流谷地宽展,水丰草茂,沼泽星罗棋布。在这里,无论是大气降水还是高山融雪水,都不会很快流失,具有湿地发育的优越条件,形成了自黄河源区起第二个湿地集中分布区。这里的湿地以沼泽湿地和湖泊湿地为主,该区湿地的主要生态功能为调蓄水资源和维持流域生态系统的平衡。

3.3.1.3　宁夏平原区湿地

黄河流出我国大地貌第一阶梯之后,进入包括内蒙古高原和黄土高原的第二阶梯,在这一范围内有 3 个湿地集中地区,宁夏平原区湿地是其中之一。

宁夏平原属于河套冲积平原,位于贺兰山脉与鄂尔多斯高地之间,海拔为 1 100～1 200 m,黄河从中卫市流到石嘴山市,南北长 300 多 km。这里属于干旱大陆性气候,年平均降水量为 200～300 mm,而平均蒸发量却为 1 200～2 000 mm。由于沿河地带地势平坦,黄河在这里形成了密集的港汊和湖泊。宁夏是我国西北地区湿地资源最为丰富、最具代表性的省区。这里的湿地类型以河流湿地和湖泊湿地为主,湿地生态功能主要表现为滞蓄河道洪水和维持区域生物多样性。

3.3.1.4　内蒙古河套平原区湿地

河套平原湿地主要分布在黄河冲积平原上,从该区的遥感影像上可以明显地看到,这里河网渠系纵横,湖沼密布。由于耕地靠黄河水灌溉,灌溉退水维持了乌梁素海的长期存在,成为荒漠、半荒漠地区极为少见的大型多功能湖泊。乌梁素海位于后套平原,而在前套平原上,较大的湖泊则有哈素海,哈素海由黄河变迁遗留下的故道扩展而成,属于外流型淡水湖泊。内蒙古河套平原上的湿地存在主要与黄河有关,其水源多通过渠道或地下潜水由黄河补给。

3.3.1.5　毛乌素沙地湿地

毛乌素沙地地势起伏平缓,目前地表主要表现为流动、半流动和固定沙丘、沙地。沙丘间和低洼沙地中,多有盐碱湖沼和淡水湖泊,当地称为海子和淖。红碱淖是其典型的湖泊湿地,红碱淖是淡水湖,位于神木县境内。有7条季节性河注入,注入水量与蒸散发量持平。毛乌素沙地的浅层地下水埋藏较浅,相对比较丰富。因此,尽管地处内陆干旱沙漠地区,却存在众多湿地,而且也和黄河流域其他地区的湿地有所区别。

3.3.1.6 小北干流湿地

黄河小北干流河段,上自禹门口,下至潼关,地质上属于汾渭地堑谷洼地,两侧为高出地堑 50~200 m 的黄土台塬。地堑内地势平坦、河道宽浅、水流散乱,黄河左右摆动频繁,形成了大面积的沿河洪漫湿地。

小北干流黄河河床高于两侧滩地,至今仍在逐年增高,临背差已达1.5 m以上。滩地地下水位不断上升,发育了众多湿地。湿地类型主要表现为盐碱滩地、水洼地、沼泽地、湿草地和林地湿地,属国家一级保护和国家二级保护的鸟类有50余种在这里栖息。湿地主要生态功能表现为滞蓄河道洪水和维持生态平衡。

3.3.1.7 三门峡库区湿地

三门峡库区湿地的形成源于三门峡水库的修建,三门峡库区湿地与三门峡水库及其运行方式密切相关。在三门峡水库蓄水运行的40多年间,由于库区水面增加以及周期性的水位涨落,即每年11月~次年4月,水库蓄水,水面增加。库区水面增加有助于边缘区域植物生长,为鸟类提供丰富的食源;而在4~11月,水库放水,水面减少,大量滩地出露,在库区形成大面积的湿地,包括河流湿地、滩地、水库、湖泊湿地等。库区湿地有丰富的动植物资源,是许多珍稀水禽的越冬地和栖息地。

3.3.1.8 下游河道湿地

下游河道湿地主要指分布在小浪底以下至东平湖河段滩地上的湿地和东平湖及其周围的湿地。黄河下游河道湿地是洪水泥沙的副产品,是河道行洪的一部分,随河道变迁而变迁,其形成、发展和萎缩与黄河水沙条件、河道边界条件息息相关,具有不稳定性、原生性、生态环境的脆弱性、水生植物贫乏等特性,有相当一部分为季节性湿地,其水分主要由洪水和地下水补给。湿地生态环境复杂,适于各类生物如甲壳类、鱼类、两栖类、爬行类及植物在这里繁衍,适于珍稀鸟类栖息,是亚洲候鸟迁徙的中线。

下游河道湿地的主要生态功能表现为蓄水滞洪、净化水体和调节气候。另外,对下游防洪安全也起着重要作用。

3.3.1.9 河口三角洲湿地

黄河口的湿地主要分布在以宁海为顶点的三角洲之上,黄河三角洲湿地是我国暖温带最年轻、分布最广阔、保存最完整、总面积最大的湿地分布区。其湿地类型主要有灌丛疏林湿地、草甸湿地、沼泽湿地、河流湿地和滨海湿地五大类。

黄河三角洲湿地是东北亚内陆和环西太平洋鸟类迁徙的"中转站"、越冬地和繁殖地,在我国生物多样性保护和湿地研究中占有非常重要的地位。它是我国长江、黄河和珠江三大江河三角洲中唯一具有重要生态保护价值的区域。在黄河三角洲生态系统的平衡和演变中,淡水湿地是河口地区陆域、淡水水域和海洋生态单元的交互缓冲地区,是维持河口系统平衡和生物多样性保护的生态关键要素,也是河口生态保护的核心区域和重点保护对象,淡水湿地对维持河口地区水盐平衡,提供鸟类迁徙、繁殖和栖息生境,维持三角洲生态发育平衡等,具有十分重要和不可替代的生态价值与功能。保持黄河河口三角洲生态平衡,已成为维持黄河健康生命的重要标志。

3.3.2　湿地演变趋势

根据国家林业局1996年的调查资料,黄河流域各省(区)湿地面积约280万hm²。研究借助TM遥感影像和北京二号影像资料,分别对1986年和2006年黄河流域湿地面积进行解译分析,1986年黄河流域湿地面积约299万hm²,2006年黄河流域湿地面积约251万hm²。黄河流域湿地演变趋势如表3-1所示。

表3-1　黄河流域湿地演变趋势

湿地类型	1986年			2006年		
	斑块数 (个)	面积 (万hm²)	占湿地总面积 比例(%)	斑块数 (个)	面积 (万hm²)	占湿地总面积 比例(%)
河流湿地	4 113	109.03	36.52	5 187	91.00	36.20
湖泊湿地	736	26.74	8.96	611	20.09	7.99
沼泽湿地	4 433	144.73	48.47	5 963	114.53	45.57
滨海湿地	3	7.23	2.42	3	8.37	3.33
人工湿地	288	10.86	3.64	472	17.36	6.91
总计	9 573	298.59	100	12 236	251.35	100

由不同年代地面调查和卫片解译资料分析,黄河流域湿地的总面积呈减少的态势。2006年与1986年相比,流域湿地面积减少了15.8%,其中源区湿地减少最多;湿地斑块数增加,湿地破碎化程度加深,是流域湿地退化的主要表现形式之一;湿地结构发生了变化,面积比重较大的自然湿地减少,其中湖泊湿地减少24.9%,沼泽湿地减少20.9%,而面积比重较小的人工湿地增加了60.0%。

河流湿地与沼泽湿地是黄河流域湿地主要组成部分,1986～2006年,这两类湿地均呈现面积减小、斑块数增加的变化趋势,这表明在外部自然条件变化和人为干扰的影响下,两类湿地面积萎缩,大斑块湿地由于排水疏干,转变为互不连接的多个小斑块,破碎化程度加剧。湖泊湿地的斑块数与湿地面积均呈下降趋势,这说明湖泊湿地总体上呈退化萎缩的趋势,而小面积湖泊的干涸消失是退化过程中的一种重要形式。滨海湿地是自然湿地中湿地面积唯一有增长的类型,其面积的增长主要来源于黄河挟带泥沙在入海口沉积所造成的三角洲发育增长。人工湿地斑块数与面积均有明显的增长,其占流域湿地总面积比例由1986年的3.64%大幅度升高至2006年的6.91%。人为活动对流域湿地结构的影响日益增强,而人工湿地在流域湿地构成、生态功能、社会效益等方面的重要性也愈发显著。

3.3.3　主要保护湿地及生态特征

为保护黄河流域湿地资源,相关部门在黄河流域共建立各级湿地自然保护区29个

（见图 3-2），其中 22 个自然保护区与黄河干流有直接或间接的水力联系，是流域主要保护湿地，其基本情况如表 3-2 所示。

流域主要保护湿地包括黄河源区高寒湿地、上游湖泊湖库湿地、沿河洪漫湿地（河道湿地）、河口三角洲湿地。

其中，黄河源区湿地属于自然湿地，位于青藏高寒湿地区，生态功能主要是涵养水源、调节黄河水量，其次是维护流域生态平衡、维持生物多样性、调节区域气候等。高寒沼泽植被和高寒草甸植被是本区最重要和最典型的植被类型，鸟类中古北界种类占明显优势，从居留型上分析，夏候鸟、留鸟占优势，旅鸟、冬候鸟所占比例很小，鸟类区系组成具有青藏高原的典型成分。黄河源区湿地主要生态问题是沼泽退化、湖泊萎缩、冰川退缩、土地沙漠化等。黄河源区湿地生态环境十分脆弱，生态系统结构单一，导致黄河源区湿地退化的主要原因是气候干旱化，其次是人类干扰，如过度放牧、疏干沼泽等。

上游湖泊湿地属于半人工湿地，主要由引黄灌溉退水在低洼处形成的半人工水域组成。在维护区域生物多样性的基础上，能够承接区域农灌退水，提供社会服务功能，如旅游开发、芦苇收割、水产养殖等。其地理位置独特，是中国西北部水鸟迁徙的重要驿站，鸟类组成以夏候鸟和旅鸟为主，冬候鸟较少。上中游湖泊湿地绝大部分位于中国西北内陆干旱区，降水稀少，地表水严重不足，地下水更是缺乏。大多湖泊与黄河无直接水力联系，其湿地的形成和维持主要是靠黄河农灌退水提供水源，黄河过境水是其最主要的可用水源。由黄河生态系统的水资源要素分析可知，该类型的大多数湿地属流域的竞争性用水对象。

上游水库湿地属人工湿地的范畴，因水库调度功能而具有调蓄洪水和提供水禽栖息生境的作用。本区自然植被属干旱草原类型，湿地植物主要有芦苇、香蒲等。湿地动物中夏候鸟占绝对优势，旅鸟和留鸟次之，冬候鸟较少。湿地景观以黄河水面为主体，库区湿地演化变迁与水库的运用方式、黄河来水来沙条件等密切相关。对库区淤滩进行围垦、大坝筑堤、围滩造田等是上游水库湿地存在的主要威胁因子。

黄河沿河洪漫湿地的形成、发展和萎缩与黄河水沙条件、河道边界条件、水利工程建设等息息相关。特殊的地理位置和独特的社会背景，使黄河中下游河道湿地具有季节性、地域分布呈窄带状、人类活动干扰极强等区别于其他湿地类型的基本特征。黄河沿河湿地大部分位于黄河中下游，人口密集，人类活动频繁，环境压力和保护难度大，湿地周边经济的发展对湿地的依赖性极强，人与湿地争水、争地现象日趋严重。湿地围垦现象严重是黄河中下游湿地保护面临的主要威胁，据统计，目前已有 60% 以上的河漫滩被开垦为农田和鱼塘，部分河段河漫滩开垦率高达 80%；其次是黄河水沙情势变化，洪水漫滩概率减小，湿地水资源补给困难。

河口三角洲湿地是我国暖温带地区最广阔、最完整和最年轻的原生湿地生态类型，具有重要的保护价值。在黄河三角洲生态系统的平衡和演变中，淡水湿地是维持河口系统平衡和生物多样性保护的生态关键要素，具有十分重要和不可替代的生态价值与功能。河口湿地的主体生态功能是维护流域生态安全、保护生物多样性，提供珍稀鸟类栖息地，以及防止海水入侵、调节气候等。河口湿地主要生态问题是自然湿地面积逐年萎缩，湿地质量、功能不断下降，湿地的自然演替规律遭到破坏；其次是湿地污染严重。

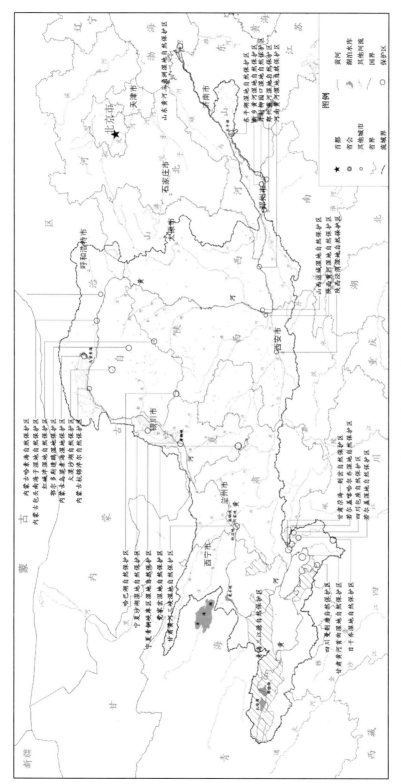

图 3-2 黄河湿地类自然保护区分布示意图

表 3-2　与黄河干流有水力联系的湿地自然保护区基本情况

湿地保护区名称	地理位置	面积（hm²）	主体功能	主要保护对象	类型	保护级别	与黄河的水力联系
青海三江源自然保护区（黄河源区部分）	玉树县（东经89°45′~102°23′，北纬31°39′~36°12′）	4 210 000	涵养水源，维护流域生态平衡，高原冷水土著鱼类的保护区	鸟类、源区湿地，野生动物	内陆湿地	国家级	黄河重要水源涵养区
四川曼则唐自然保护区	阿坝县（东经101°37′~102°14′，北纬32°44′~33°27′）	165 874	涵养水源，濒危水生鸟类栖息越冬地	高原沼泽湿地及珍稀野生动物	内陆湿地	省级	黄河水源涵养区
若尔盖湿地自然保护区	若尔盖县（东经101°45′~103°15′，北纬32°20′~34°00′）	166 571	涵养水源，调节气候及维护生物多样性，珍稀濒危鸟类主要栖息地	高寒沼泽湿地及黑颈鹤等野生动物	内陆湿地	国家级	黄河重要水源涵养区
日干乔湿地自然保护区	红原县（东经102°37′~103°13′，北纬32°58′~33°19′）	107 536	涵养水源，高山草甸及高原野生动物的主要保护区	高山草地	草原草甸	县级	黄河水源涵养区
甘肃黄河首曲湿地自然保护区	玛曲县（东经101°15′~102°29′，北纬33°00′~34°30′）	259 674	涵养水源，调节气候及维护生物多样性，珍稀濒危鸟类主要栖息地	珍稀鸟类及生境	野生动物	省级	黄河重要水源涵养区
甘肃尕海—则岔自然保护区	碌曲县（东经102°09′~102°46′，北纬33°58′~34°32′）	247 431	涵养水源，保护珍稀物种的生境	高寒沼泽湿地和珍稀鸟类	内陆湿地	国家级	黄河支流洮河的发源地
甘肃黄河三峡湿地自然保护区	永靖县（东经102°58′~103°23′，北纬35°47′~36°07′）	19 500	调蓄洪水，维持生物多样性	水生动植物及湿地生态系统	野生动物	省级	黄河干流刘家峡、盐锅峡、八盘峡形成的高原人工湖泊

续表 3-2

湿地保护区名称	地理位置	面积（hm²）	主体功能	主要保护对象	类型	保护级别	与黄河的水力联系
宁夏沙湖湿地自然保护区	平罗县（东经106°13′~106°26′，北纬38°45′~38°55′）	10 933	调节气候，珍稀濒危水生鸟类游禽和涉禽的栖息地	湿地生态系统及其珍禽	内陆湿地	省级	与黄河无自然水力联系，但人工引黄河水补给湿地
宁夏青铜峡库区湿地自然保护区	青铜峡市（东经105°47′~105°59′，北纬37°32′~37°53′）	19 572	调蓄洪水，珍稀濒危水生鸟类游禽和涉禽的栖息地	湿地生态系统	内陆湿地	省级	黄河干流青铜峡水库淤积形成
内蒙古包头南海子湿地自然保护区	包头市（东经109°57′~110°02′，北纬40°30′~40°33′）	1 664	生物多样性保护区，濒危水生鸟类游禽栖息地，洪水调蓄，气候调节	湿地生态系统及鸟类	内陆湿地	省级	黄河滩涂湿地
内蒙古杭锦淖尔自然保护区	杭锦旗（东经107°23′~109°04′，北纬40°28′~40°52′）	85 754	生物多样性保护区，濒危水生鸟类栖息地，洪水调蓄，气候调节	黄河滩涂湿地，大鸨和大天鹅等珍禽	内陆湿地	省级	以黄河为主体的河道、滩地湿地
内蒙古乌梁素海湿地自然保护区	乌拉特前旗（东经108°43′~108°57′，北纬40°47′~41°03′）	60 000	生物多样性保护区，濒危水生鸟类栖息地，洪水调蓄，气候调节	湿地、水禽	野生动物	省级	引黄农灌退水
内蒙古哈素海自然保护区	土默特左旗	53 608	生物多样性保护区，濒危水生鸟类栖息地，洪水调蓄，气候调节	湿地生态系统及鸟类	内陆湿地	省级	引黄农灌退水
西安泾渭湿地自然保护区	西安	3 030	生物多样性保护区，候鸟迁徙的"中转站"、越冬地及繁殖地	湿地生态系统及水禽	内陆湿地	省级	黄河支流渭河、泾河、灞河，泾河汇合处，以渭河为主体的河道湿地

续表 3-2

湿地保护区名称	地理位置	面积(hm²)	主体功能	主要保护对象	类型	保护级别	与黄河的水力联系
陕西黄河湿地自然保护区	禹门口—潼关（东经110°10′~110°36′，北纬34°36′~35°40′）	57 348	生物多样性保护区，濒危水生鸟类游禽栖息地，洪水调蓄，气候调节	湿地及珍禽	内陆湿地	省级	以黄河为主体的河道、滩地湿地
山西运城湿地自然保护区	禹门口—潼关—小浪底（东经110°13′~112°03′，北纬34°34′~35°39′）	86 861	生物多样性保护区，洪水调蓄，濒危水生鸟类游禽栖息地	珍禽及其越冬栖息地	内陆湿地	省级	以黄河为主体的河道、滩地湿地
河南开封柳园口湿地自然保护区	开封市（东经114°12′~114°52′，北纬34°52′~35°01′）	16 148	生物多样性保护区，濒危水生鸟类游禽栖息地，洪水调蓄	湿地及冬候鸟	内陆湿地	省级	以黄河为主体的河道、滩地湿地
河南黄河湿地自然保护区	三门峡—孟津（东经110°21′~112°48′，北纬34°33′~35°05′）	68 000	生物多样性保护区，濒危水生鸟类游禽栖息地，洪水调蓄	天鹅、灰鹤、白鹭等珍稀鸟类和湿地	内陆湿地	国家级	以黄河为主体的水库、河道、河滩湿地
河南新乡黄河湿地自然保护区	封丘和长垣（东经114°13′~114°52′，北纬34°53′~35°06′）	22 780	生物多样性保护区，濒危水生鸟类游禽栖息地，洪水调蓄	天鹅、鹤类珍稀鸟类及湿地生态系统	内陆湿地	国家级	以黄河为主体的水库、河道、河滩湿地
河南郑州黄河湿地自然保护区	郑州市（东经112°48′~114°14′，北纬34°48′~35°00′）	38 007	生物多样性保护区，濒危水生鸟类游禽栖息地，洪水调蓄	湿地生态系统及珍稀鸟类	内陆湿地	省级	以黄河为主体的河道、滩地湿地
山东黄河三角洲自然保护区	东营市（东经118°33′~119°20′，北纬37°35′~38°12′）	153 000	生物多样性保护区，濒危水生鸟类和陆生动植物保护区，洪水调蓄	原生性湿地生态系统及珍禽	海洋海岸湿地	国家级	黄河河口湿地
东平湖湿地自然保护区	东平县	16 000	洪水调蓄	湿地生态系统	内陆湿地	县级	黄河下游蓄滞洪区

黄河流域主要保护湿地生态特征如表3-3所示。

表3-3　黄河流域主要保护湿地生态特征

| 湿地 | 主要生态功能 | | 主要生态问题 | 主要威胁因子 | 主要影响因子 | 与黄河的水力联系 |
	湿地或直接对湿地产生影响涉水区域主体功能	流域/区域功能	地方功能				
源区湿地	涵养水源	维持生物多样性,维护流域生态平衡,调节区域气候,国际重要鸟类迁徙通道,土著鱼类和陆生动物主要栖息地	提供经济产品、生态旅游	沼泽湿地退化、湖泊湿地萎缩	气候干旱化	气候变化	补给黄河水
上游湖泊、湖库湿地	维持区域生态平衡及生物多样性	调节区域小气候,保护渔业资源,维持局部生态平衡	提供社会与经济服务,调节小气候,净化水质	水质污染、湖泊沼泽化	水资源补给不足,湿地围垦、旅游开发	水资源补给、水库运用方式	靠黄河间接为其提供水资源
沿河洪漫湿地	蓄滞洪水,净化水质,保护鸟类	提供鸟类栖息地,维持区域生物多样性,维持区域生态平衡	调节气候,提供农业服务,旅游开发	湿地退化	湿地围垦等人类活动	黄河水资源量,黄河河势变化,人类活动强度	靠黄河水漫滩、侧渗补给湿地
河口三角洲湿地	维持生物多样性,珍稀鸟类栖息地,鱼类洄游通道和产卵场	维护流域生态安全,调节区域气候,维持河口生态稳定,防止海水入侵,国际候鸟迁徙中转通道	防止土地盐碱化,旅游开发,渔业养殖等	淡水沼泽和滩涂湿地退化	黄河来水来沙量减少,工业化和城市化干扰,水利堤防和生物道路阻隔	黄河水沙条件,黄河入海流路变化	黄河水沙是湿地形成和维持的关键

3.4　黄河鱼类

受水沙条件、水体物理化学性质及流域气候、地理条件等因素影响,黄河水生生物种类和数量相对贫乏,生物量较低,鱼类种类相对较少,但许多特有土著鱼类具有重要保护价值,是国家水生生物保护和鱼类物种资源保护的重要组成部分。

3.4.1　饵料生物资源

黄河由于泥沙含量大,透明度低,水极度浑浊,阳光难以透射进入,并且黄河水流湍急,底质多为泥沙、砾石,缺乏腐殖质,所以黄河与其他河流相比,浮游植物、浮游动物、底栖生物种类和数量相对贫乏,生物量较低。

3.4.1.1　浮游植物

黄河干流及支流浮游植物总量都很低(小于 1 mg/L)。黄河上游水质清澈但水温低,浮游植物生物量低,种类以硅藻为主;黄河中游各水体的环境条件变化很大,浮游植物情况也相差悬殊,浮游植物总量平均为 0.373 mg/L,在组成上仍以硅藻为主,支流浮游植物总量变化范围为 1~8 mg/L,在组成上以硅藻和甲藻为主;黄河下游进入宽广的冲积平原,比降减小,流速变缓,泥沙大量沉积,浮游植物量平均为 0.475 mg/L,稍高于上游,在组成上以硅藻、甲藻和绿藻为主。支流由于外环境不同,浮游植物总量也不同,组成以硅藻、甲藻、绿藻等为主。

3.4.1.2　浮游动物

黄河干流浮游动物量为 0.128 mg/L。黄河上游浮游动物量很低,平均为 0.105 mg/L,在组成上以桡足类和轮虫为主,扎陵湖和鄂陵湖浮游动物量仅分别为 0.158 mg/L 和 0.330 mg/L;黄河中游浮游动物量平均为 0.039 mg/L,较上游更低,支流变化更大,在不足 1 mg/L 到 4 mg/L 之间变化,在组成上桡足类或枝角类占优势;黄河下游浮游动物量表现上升的趋势,平均为 0.295 mg/L,远高于上游段和中游段,支流浮游动物生物量接近 2 mg/L,在组成上以轮虫为主。

3.4.1.3　底栖生物

黄河水系底栖生物量按各水体的生物量高低大体可分为三种类型:上游扎陵湖、鄂陵湖和刘家峡水库地处高寒地带,底栖生物量为 0.1~1 g/m²;中游处于黄河冲刷地带,水流过急或泥沙淤积较大,底栖生物量为 2~10 g/m²;下游地势低,温度适宜,水质肥美,有大量的软体动物,底栖生物量为 100 g/m²。

3.4.2　鱼类区系及组成

3.4.2.1　20 世纪五六十年代调查

1958 年 7~9 月,中科院动物研究所对黄河干流和若干支流及湖泊进行了渔业生物学基础调查。据《黄河渔业生物学基础初步调查报告》,本次调查共获得鱼类 8 科 36 属 43 种,以鲤科为主,计 29 种,鳅科次之,6 种,鲿科 3 种,其余各科数量较少。本次调查工作时间短且在汛期,干流所选采样点较少,许多支流和相关湖泊未进行详细调查,调查结果仅能代表这一时段黄河水系鱼类分布状况。

中科院李思忠根据 1958 年调查结果、相关文献以及 1962~1963 年的补充调查结果,对黄河鱼类区系进行了探讨,黄河水系鱼类共有 27 科 96 属 153 种,其中黄河干流鱼类 152 种。列入《国家重点保护水生野生动物名录》4 种,列入《中国濒危动物红皮书》8 种,土著鱼类 36 种。

3.4.2.2　20 世纪 80 年代调查

根据原国家水产总局组织的"黄河水系渔业资源调查"项目调查结果,黄河流域鱼类 191 种和亚种,隶属于 15 目 32 科 116 属,种类组成以鲤科、鳅科鱼类为主。黄河干流的鱼类有 125 种和亚种,隶属于 13 目 24 科 85 属,种类以鲤科鱼类为主,其次是鳅鲶鱼科。列入《国家重点保护水生野生动物名录》1 种,列入《中国濒危动物红皮书》6 种,土著鱼类

24 种。

其中,黄河干流上游鱼类最少,共计 16 种,以裂腹鱼亚科和鮈亚科、雅罗鱼亚科及条鳅亚科鱼类为主。上游大部分地区气候寒冷,形成了独特的适应高原特殊自然环境的鱼类种类——高原冷水土著鱼类。

黄河中、下游鱼类大体相似,都是以鲤科鱼类为主,鱼类种类多、分布广,原种资源储存丰富。黄河中游有 66 种鱼类,甘肃河段的裂腹鱼亚科和条鳅亚科鱼类是下游河段所没有的。

黄河下游鱼类种类和数量皆多,共 81 种,下游水系中江湖洄游性鱼类和河海洄游性鱼类占有较高的比例,其中过河口洄游性鱼类 11 种,半咸水鱼类 16 种,均是上中游所没有的种类。黄河下游的鱼类区系组成中有众多的中国江河平原复合体中的鳊亚科、雅罗鱼亚科、鲌鲅鱼亚科鱼类以及鮨科鳜属鱼类,这是下游鱼类区系组成的另一个特点。

3.4.2.3 黄河鱼类现状调查

根据 2002~2007 年黄河水产所对黄河干流重要河段调查,黄河干流共采集到鱼类标本 47 种(见表 3-4),分别隶属于 7 目 11 科,以鲤科鱼类占绝对优势,共 24 种,占 51.1%。其次为鳅科,共 11 种,占 23.4%。

本次调查列入《中国濒危动物红皮书》3 种,土著鱼类 15 种,未发现《国家重点保护水生野生动物名录》中的鱼类。

黄河干流鱼类按起源可分为江河平原复合体(草鱼、鲢鱼、鳙鱼、餐条等)、第三纪早期复合体(鲤、鲫、棒花鮈、麦穗鱼、兰州鲇等)、中亚高山复合体(裂腹鱼亚科鱼类、鳅科鱼类)、北方平原复合体(瓦氏雅罗鱼等)、南方平原复合体(黄黝鱼等);按食性可分为主食着生藻类(黄河裸裂尻鱼和极边扁咽齿鱼等)、主食底栖无脊椎动物(厚唇裸重唇鱼等)、主食浮游动物(花斑裸鲤等)、肉食性鱼类(兰州鲇、拟鲇高原鳅、红鲌等)。

根据调查结果,黄河干流各河段鱼类基本情况如下:

龙羊峡以上河段:鱼类资源较多,大多为冷水性鱼类,以裂腹鱼和鳅科鱼类为主。主要鱼类有拟鲇高原鳅、极边扁咽齿鱼、骨唇黄河鱼、黄河裸裂尻鱼、厚唇裸重唇鱼等,其中拟鲇高原鳅、极边扁咽齿鱼、骨唇黄河鱼为珍稀濒危鱼类。

龙羊峡—刘家峡河段:该河段水库众多,人工养殖鱼类较多。由于水电站建设对该河段鱼类区系组成影响较大,土著鱼类种类减少。

刘家峡—头道拐河段:黄河在刘家峡以上为清水,泥沙含量较低,出刘家峡后,泥沙含量急剧增大,水变浑浊,因此鱼类组成上也发生了较大的变化,滤食性鱼类急剧减少,该河段的代表性鱼类有兰州鲇、黄河鲤等鱼类,均为地方性保护鱼类。

头道拐—龙门河段:该河段鱼类组成极为简单,且数量较少,小型鱼类和鳅科鱼类较多,如麦穗鱼、餐条、泥鳅等。

龙门—高村河段:代表性鱼类有黄河鲤、兰州鲇、赤眼鳟、草鱼等,其中草鱼目前的数量较少。

高村—入海河段:该河段溯河洄游性鱼类较多,代表性鱼类为刀鲚、鲻鱼和梭鱼,目前刀鲚数量较少。

表 3-4　黄河干流鱼类种类调查结果及分布情况（2002～2007 年）

目	科	种名	分布区域		
			上游	中游	下游
鲱形目	鲱科	鳓　*Clupanodon punctatus* Temmiruk et schlege			
	鳀科	刀鲚　*Coilia ectenes* Jordan et scale			
鳗鲡目	鳗鲡科	鳗鲡　*Anguilla japonica* Temminnck et schlegell			
鲑形目	鲑科	虹鳟　*Salmo gairdneri* Richardson	+	+	
	胡瓜鱼科	池沼公鱼　*Hyomesus* Pallas	+	+	
	银鱼科	大银鱼　*Protosalanx hyalocranius* Abbott		+	
鲤形目	鲤科	鲫鱼　*Carassins auratus* Linnaeus	+	+	+
		鲤鱼　*Cyprinus carpio* Linnaeus	+	+	+
		刺鮈　*Acanthogobio guenther* Herz.	+	+	
		麦穗鱼　*Pseudorasbora parua* Temminck et Schlegel	+	+	+
		厚唇裸重唇鱼 *Gymnodiptychusd pachycheilus* Herz.	+		
		花斑裸鲤　*Gymnocypris eckloni* Herz.	+		
		极边扁咽齿鱼　*Platypharodon extremus* Herz.	+		
		骨唇黄河鱼　*Chuanchia labiosa* Herz.	+		
		棒花鱼　*Abbottina rivularis* Basilewsky	+	+	+
		黄河裸裂尻鱼　*Schizopygopsis pylzovi* Kessler	+		
		餐条　*Hemiculter leucisculus* Basilewsky		+	+
		中华鳑鲏　*Orhodeus sinensis* Gunther		+	+
		黄河鮈　*Gobio huanghensis* Lo，Yao et Chen		+	+
		草鱼　*Ctenopharyngodon idellus* Cuvier et Valenciennes		+	+
		南方马口鱼　*Opsriichthys bidens* Gunther		+	+
		瓦氏雅罗鱼　*Leuciscus waleckii* Dybwski		+	
		鳙鱼　*Aristichthys nobilis* Richardson		+	+
		鲢鱼　*Hypophthalmichthys molitrix* Cuvier et Valenciennes		+	+
		棒花鮈　*Gobio gobio rivuloides* Nichols		+	
		逆鱼　Acanthobrama *simoni* Bleeker			
		蛇鮈　Saurogobio *dabryi* Bleeker			
		黑龙江马口鱼　*Opsariichthys ucirostris bidens* Günther		+	
		赤眼鳟　*Squaliobarbus curriculus* Richardson			
		蒙古红鲌　*Erythroculter mongolicus* Basilewsky		+	
	鳅科	东方高原鳅　*Triplophysa orientalis* Herz.	+		
		硬刺高原鳅　*Triplophysa（T.）scueropterus* Herz.	+		
		小眼高原鳅　*Triplophysa（T.）mictops* Steindachner	+		
		黄河高原鳅　*Triplophysa（T.）pappenheimi* Fang	+		
		拟硬刺高原鳅　*Triplophysa（T.）pseudoscleroptera* Zhu et Wu	+		
		泥鳅　*Misgurnus anguillicaudatus* Cantor		+	+
		大鳞副泥鳅　*Pisgurnus dabryanus* Sauvage		+	
		细头鳅　*Paralepidocephalus yui* Tchang		+	
		斯氏高原鳅　*Triplophysa stoliczka* Steindachner		+	
		拟鲇高原鳅　*Triplophysa silurodies* Herz.			

目	科	种名	分布区域		
			上游	中游	下游
鲇形目	鲇科	兰州鲇 *Silurus lanzhouensis* Chen	+	+	+
		鲇鱼 *Parasilurus asotus* Linnaeus	+	+	+
鲈形目	塘鳢科	黄黝鱼 *Hypseleotris swinhonis* Gunther		+	
		波氏栉鰕虎鱼 *Ctenogobius cliffordpopei* Nichols		+	
鲻形目	鲻科	鲻鱼 *Mugil cephalus* Linnaeus			+
		梭鱼 *Mugil soiuy* Basilewsky			+

3.4.3 黄河主要保护鱼类

3.4.3.1 国家重点保护鱼类

黄河水系历史上曾经分布的、列入《国家重点保护水生野生动物名录》的鱼类有中华鲟、白鲟、松江鲈等鱼类(见表 3-5)。

表 3-5 黄河水系国家重点保护鱼类

序号	物种名称	保护等级	曾分布区域
1	中华鲟	I	河口
2	达氏鲟	I	河口
3	白鲟	I	河口
4	松江鲈	II	河口
5	秦岭细鳞鲑	II	渭河上游及其支流

3.4.3.2 濒危鱼类

黄河水系历史上曾经分布的、列入《中国濒危动物红皮书》的鱼类有 10 种(见表 3-6)。

3.4.3.3 土著、经济鱼类

黄河水系历史上曾经分布的土著、经济鱼类主要有厚唇裸重唇鱼、花斑裸鲤、极边扁咽齿鱼、骨唇黄河鱼、黄河裸裂尻鱼、拟鲇高原鳅、兰州鲇、北方铜鱼、黄河鲤、鲫鱼、刀鲚、鲻鱼、梭鱼等。黄河干流主要代表土著鱼类如表 3-7 所示。

3.4.4 黄河主要鱼类产卵场

产卵场是鱼类的重要栖息地,根据近几年调查,参考以往研究、调查成果,黄河干流主要鱼类的产卵场分布如表 3-8 所示。

表 3-6　黄河水系濒危鱼类

序号	名称	等级	分布区域（曾分布区域）
1	骨唇黄河鱼	易危	上游
2	扁咽齿鱼	易危	上游
3	拟鲇高原鳅	易危	上游
4	北方铜鱼	濒危	上、中、下游
5	平鳍鳅鮀	濒危	上游
6	中华鲟	易危	河口
7	达氏鲟（鳇鱼）	濒危	河口
8	白鲟	濒危	河口
9	松江鲈	濒危	河口
10	秦岭细鳞鲑	濒危	渭河上游及其支流

表 3-7　黄河干流主要代表土著鱼类

序号	物种名称	曾分布区域
1	黄河雅罗鱼	上游
2	刺鮈	上游
3	黄河鮈	上游
4	厚唇裸重唇鱼	上游
5	花斑裸鲤	上游
6	斜口裸鲤	上游
7	黄河裸裂尻鱼	上游
8	骨唇黄河鱼	上游
9	极边扁咽齿鱼	上游
10	长蛇高原鳅	上游
11	拟硬刺高原鳅	上游
12	硬刺高原鳅	上游
13	斯氏高原鳅	上游
14	黄河高原鳅	上游
15	拟鲇高原鳅	上游
16	粗壮高原鳅	上游
17	梭形高原鳅	上游
18	东方高原鳅	上游
19	隆头高原鳅	上游
20	钝吻高原鳅	上游
21	黑体高原鳅	上游
22	墨曲高原鳅	上游

序号	物种名称	曾分布区域
23	粗唇高原鳅	上游
24	北方花鳅	上游
25	兰州鲇	上游
26	黄河鲤	上、中、下游
27	黄河鲇	上、中、下游
28	北方铜鱼	上、中、下游
29	赤眼鳟	上、中、下游
30	鲫鱼	上、中、下游
31	餐条	上、中、下游
32	泥鳅	中、下游
33	麦穗鱼	上、中、下游
34	钉䱐	上游
35	大䱐	上游
36	开封鮈	下游

表 3-8 黄河干流鱼类产卵场分布

种类	产卵场分布
大型高原鱼类（花斑裸鲤、黄河裸裂尻鱼、厚唇裸重唇鱼、骨唇黄河鱼等）	龙羊峡以上天然河道较为宽阔的回水湾，如羊曲湾、大米滩、拉家寺、玛曲、甘德、黑河、白河等；鄂陵湖和扎陵湖以上干流、支流及附属的湖泊；洮河、大夏河二三级支流中也有零星产卵场分布；拟鲇高原鳅产卵场分布于寺沟峡以上黄河干流峡谷激流中
鲇科鱼类	主要分布在刘家峡库区、青铜峡库区、石嘴山、乌海、河曲、禹门口—潼关、三门峡库区、小浪底库区、伊洛河口、开封附近、济南、东平湖等
鮈亚科鱼类	主要分布在黑三峡—石嘴山河段的沙质河床中
产漂浮性卵鱼类（鲢、白鲢、草鱼、赤眼鳟等）	主要分布在青铜峡坝下—三盛公、伊洛河口—济南两个河段
鳜亚科鱼类	主要分布在伊洛河口—济南河段，呈点状分布
鮠科鱼类	主要分布在郑州以下—济南河段
鲤鱼、鲫鱼	主要分布在龙羊峡库区的沙沟河及恰布恰河口、刘家峡库区的洮河口、靖远、青铜峡库区、万家寨、三盛公、天桥、潼关、三门峡、小浪底、伊洛河口、东平湖等
黄河雅罗鱼	主要分布在青铜峡库区、万家寨、三盛公、天桥、秃尾河口等
河口鱼类（梭鱼、银鱼、刀鲚等）	主要分布在入海口

3.4.5　水产种质资源保护区

为保护黄河鱼类种质资源,农业部综合考虑鱼类的濒危程度、物种价值、土著意义、鱼种灭绝后引起的遗传基因损失评价、该鱼类在河流生态系统食物链上的重要程度、经济价值和优势种等因素,截至 2008 年,在黄河流域建立 13 处国家级水产种质资源保护区(见表 3-9),其中 9 处位于黄河干流河段(见图 3-3),水产种质资源保护区所在河段是黄河鱼

表 3-9　黄河国家级水产种质资源保护区

批次	保护区名称	分布河段(湖泊)	面积(hm²)	重点保护对象
首批	黄河上游特有鱼类国家级水产种质资源保护区	干支流:龙羊峡以上河段	32 000	拟鲹高原鳅、骨唇黄河鱼、极边扁咽齿鱼、花斑裸鲤、黄河裸裂尻鱼、黄河高原鳅等高原冷水鱼
	黄河刘家峡兰州鲇国家级水产种质资源保护区	干流:刘家峡库区河段	1 000	兰州鲇、黄河鲤、拟鲹高原鳅等
	黄河卫宁段兰州鲇国家级水产种质资源保护区	干流:青铜峡库区河段	15 400	兰州鲇等
	黄河青石段大鼻吻鮈国家级水产种质资源保护区	干流:青铜峡—石嘴山河段	23 100	大鼻吻鮈、北方铜鱼等
	黄河鄂尔多斯段黄河鲇国家级水产种质资源保护区	干流:鄂尔多斯河段	31 500	兰州鲇、黄河鲤等
	黄河郑州段黄河鲤国家级水产种质资源保护区	干流:郑州河段	17 800	黄河鲤等
第二批	扎陵湖、鄂陵湖花斑裸鲤极边扁咽齿鱼国家级水产种质资源保护区	干流附属湖泊:扎陵湖、鄂陵湖	114 200	花斑裸鲤、极边扁咽齿鱼等
	黄河洽川段乌鳢国家级水产种质资源保护区	干流:小北干流河段	25 800	乌鳢、黄河鲤等
	圣天湖鲇鱼黄河鲤国家级水产种质资源保护区	牛轭湖	2 952	鲇鱼、黄河鲤等
	洮河扁咽齿鱼国家级水产种质资源保护区	支流:洮河在碌曲段及其支流	3 289	扁咽齿鱼、厚唇重唇鱼等
	大夏河裸裂尻鱼国家级水产种质资源保护区	支流:夏河县河段	3 488	黄河裸裂尻鱼、花斑裸鲤、厚唇重唇鱼等
第三批	黄河尖扎段特有鱼类国家级水产种质资源保护区	干流:龙羊峡—刘家峡河段	9 732	黄河裸裂尻鱼、拟鲹高原鳅
	沁河特有鱼类国家级水产种质资源保护区	支流:沁河	1 760	乌苏里拟鲿、唇鳍

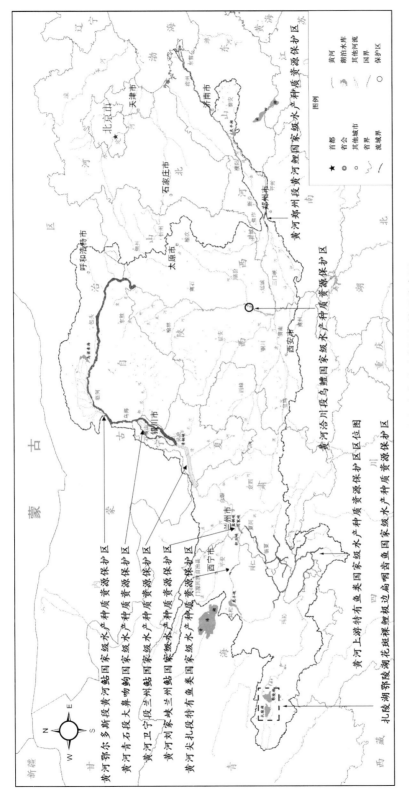

图 3-3 黄河干流国家级水产种质资源保护区分布图

类的重要栖息地。黄河上游特有鱼类国家级水产种质资源保护区位于黄河源区，是青藏高原区域具有典型性的水生生物多样性集中分布区，以保护高原冷水土著鱼类及其栖息地为主；黄河尖扎段特有鱼类国家级水产种质资源保护区位于龙羊峡—刘家峡河段，以保护高原冷水土著鱼类及其栖息地为主；黄河刘家峡兰州鲇国家级水产种质资源保护区、黄河卫宁段兰州鲇国家级水产种质资源保护区位于刘家峡和青铜峡之间的梯级水电站群中，以保护兰州鲇和黄河鲤等静水鱼类为主；黄河青石段大鼻吻鮈国家级水产种质资源保护区位于青铜峡坝下河段，水位落差大，水流湍急，以保护大鼻吻鮈、北方铜鱼等激流或洄游性鱼类为主；黄河鄂尔多斯段黄河鲇国家级水产种质资源保护区、黄河郑州段黄河鲤国家级水产种质资源保护区位于黄河宽河段，以重点保护黄河鲤、兰州鲇等静水鱼类为主。

3.4.6　黄河重要保护鱼类及栖息地

根据国家生物多样性和鱼类物种资源保护要求，鱼类土著意义、特有性、经济价值以及濒危程度等，结合现状调查结果，确定黄河干流重要保护鱼类。有黄河重要保护鱼类的产卵场、越冬场、索饵场及洄游通道分布的河段应给予重点保护，已经被国家渔业主管部门列入国家级水产种质资源保护区名录的河段应给予重点保护。

黄河干流重要保护鱼类及栖息地如表3-10所示。

表3-10　黄河干流重要保护鱼类及栖息地

河段	重要保护鱼类	栖息地	
龙羊峡以上	拟鲇高原鳅、极边扁咽齿鱼、花斑裸鲤、骨唇黄河鱼、黄河裸裂尻鱼、厚唇裸重唇鱼、黄河高原鳅等	黄河峡谷激流河段和较为宽阔的回水湾，扎陵湖、鄂陵湖及其以上干支流及附属湖泊	扎陵湖、鄂陵湖花斑裸鲤极边扁咽齿鱼国家级水产种质资源保护区、黄河上游特有鱼类国家级水产种质资源保护区的核心区
龙羊峡—刘家峡	极边扁咽齿鱼、黄河裸裂尻鱼、厚唇裸重唇鱼、花斑裸鲤、兰州鲇	水库库尾河段、支流河口	黄河刘家峡兰州鲇国家级水产种质资源保护区的核心区
刘家峡—头道拐	兰州鲇、黄河鲤、大鼻吻鮈、北方铜鱼	中卫—石嘴山、三盛公—头道拐河段	黄河卫宁段兰州鲇国家级水产种质资源保护区、黄河青石段大鼻吻鮈国家级水产种质资源保护区、黄河鄂尔多斯段黄河鲇国家级水产种质资源保护区的核心区
头道拐—龙门	兰州鲇、黄河鲤	万家寨库区、天桥库区	—
龙门—小浪底	黄河鲤、兰州鲇	龙门—潼关河段、小浪底库区	黄河恰川段乌鳢国家级水产种质资源保护区的核心区

河段	重要保护鱼类	重要栖息地	
小浪底—高村	黄河鲤、赤眼鳟、草鱼	黄河郑州河段、伊洛河口	分布有黄河郑州段黄河鲤国家级水产种质资源保护区
高村—入海口	刀鲚、鲻鱼和梭鱼	黄河济南河段、东平湖口、黄河入海口	—

3.4.7 黄河鱼类资源变化及原因

3.4.7.1 鱼类资源变化情况

近几十年来,黄河鱼类的数量、种类和种群分布,无论是在干流还是在附属水域,都呈减少、衰退的趋势,鱼类资源变化主要表现在以下方面。

1)国家重点保护鱼类和濒危、土著鱼类种类减少

20世纪五六十年代黄河水系有国家级重点保护水生野生动物4种、濒危鱼类8种,80年代国家级重点保护水生野生动物1种、濒危鱼类6种,2007年调查发现濒危鱼类3种,未发现国家级重点保护水生野生动物。80年代黄河土著鱼类24种,2007年调查仅发现15种,土著鱼类物种资源严重衰竭。

2)鱼类种类急剧减少,上中下游鱼类构成发生很大变化

20世纪五六十年代黄河干流鱼类为153种,80年代黄河干流鱼类为125种,2007年调查干流共有鱼类47种,鱼类种数急剧减少。从鱼类构成上分析,五六十年代,上游鱼类27种,中游17种,下游最多为134种;80年代调查黄河上游鱼类仅16种,区系组成简单,仅有鲤科、鳅科两个科,中下游鱼类种类多,有147种;而2007年调查上游鱼类达6科20种,中游仅7科26种,下游仅5科16种,上中下游鱼类构成发生很大变化。

3)鱼类区系组成发生明显变化

近半个多世纪以来,黄河干流的鱼类区系组成虽然仍以鲤科鱼类为主,但其区系组成的变化是明显的。在黄河干流原有的自然分布鱼类,现已很难找到其踪迹。如20世纪五六十年代黄河下游及河口有中华鲟、白鲟的分布,但80年代和2007年调查均未发现有分布;而一些原来没有自然分布的鱼类,现在却有了一定的自然分布,例如:20世纪60年代以前在宁蒙河段并没有鲢、鳙、草、鳊、鲂等江河平原复合体鱼类的分布,在青海河段没有第三纪早期复合体的鲤、鲫鱼类的分布,在80年代以后的调查中,可采到一定量的鱼类标本。

4)鱼类资源量急剧下降

鱼类资源量减少,20世纪五六十年代,黄河中的鱼类资源相当丰富,70年代后,黄河干流中的鱼类产量急剧下降,玛曲河段70年代中期平均年捕鱼量约100 t,到80年代,年捕鱼量不到50 t。由此可以看出,黄河干流半个世纪以来的鱼类资源的变动规律是,五六十年代,鱼类资源丰富、产量高,70年代急剧下降,到80年代更低,与五六十年代相比,渔业产量下降80%~85%。

3.4.7.2 鱼类资源变化原因

1）水文水质条件的变化

（1）黄河水量减少、水文情势变化是鱼类资源严重衰退的重要因素。近几十年来，受全球气候变化、流域社会经济发展、水库蓄水运用等影响，黄河干支流来水量大幅度减少，水文情势发生了较大改变，水文过程均化，鱼类产卵、觅食等所需生态水量及过程不能满足。加上围湖、淤滩造田、浅滩排干、河流、湖泊水位下降等，造成鱼类的生存空间减小，鱼类产卵场退缩，鱼类失去了赖以栖息、摄食和繁殖的场所，引起鱼类资源的衰退。

（2）水污染日益严重，影响鱼类的生存状况。20世纪80年代，黄河干流的水质，按渔业常规项目指标，基本符合渔业用水标准。但是从生化需氧量、酚、氰化物、砷、汞等指标上看，各河段均有不同程度的污染和超标现象。90年代以来，黄河干流水污染日益加重，尤其是中下游河段，大量生活污水、生产废水及有毒废水排入黄河，加大了水域污染，鱼类中毒死亡的现象经常发生，鱼类生存环境受到了破坏，对鱼类资源造成了严重危害。

2）水利水电工程建设运用

水利水电工程对渔业的负面作用主要是通过工程直接阻隔作用、水文条件变化、水温变化及泄水氮气过饱和对鱼类产生影响。人为工程阻隔了鱼类繁殖、索饵和越冬洄游通道，改变了水域生态环境，影响了天然种群的繁殖生长，使洄游性经济鱼类大量减产，有的几近绝迹。各级水库大坝的梯级开发建设，改变了原有的生态环境，破坏了原有的鱼类栖息、索饵、繁殖场所，阻断了某些鱼类的洄游通道，对黄河鱼类尤其是特有土著鱼类资源造成了长期、累积性的影响甚至是破坏，引起鱼类资源严重衰退。

3）掠夺式的过度利用和不合理的捕捞

目前，在黄河的各种水生生物中，鱼类的利用率最高，不同程度地存在着竭泽而渔、过度捕捞及非法捕捞等现象，缺乏科学管理及滥捕对鱼类资源造成严重破坏，捕捞量已远远超过自然增殖量，补充群体严重不足，直接影响着种群的恢复，是造成鱼类种群结构变化、数量急剧减少、资源破坏的重要原因之一。

4）外来种的侵入

鱼类养殖业大力发展，引发外来鱼类品种入侵，外来种通过改变环境条件和资源的可利用性，迅速形成优势种群，破坏土著鱼类的原有区系平衡，引起天然水域鱼类区系成分的改变。移殖驯化是将一些原来没有自然分布的鱼类引入该区域，同时该鱼类又具有较强的生存适应能力，从而不断繁衍，形成一定的群体。如刘家峡水库20世纪90年代引进的池沼公鱼、大银鱼等已在该水域形成主要群体，致使土著鱼类的数量不断下降。

综合以上分析，造成黄河鱼类资源衰减、生物多样性下降的主要原因是水质污染、大坝建设、水文情势变化、不合理捕捞等。从时段上，80年代前期鱼类种类和数量较50年代大幅度减少，主要原因是过度捕捞、大坝阻隔和局部水质恶化；90年代鱼类状况进一步恶化，是水质恶化、水文情势变化（漫滩洪水减少、5～10月流量减少、洪水含沙高等）、不合理捕捞等因素共同作用的结果。从河段上，上游鱼类保护的主要威胁因子是大坝阻隔、过度捕捞、水质污染和因气候变化造成的栖息地破坏，中下游鱼类保护的主要威胁因子是水质污染、漫滩洪水减少、过度捕捞，河口鱼类保护的主要威胁因子是水利工程阻隔、入海水量减少、水质污染等。

第4章 黄河流域湿地格局及动态演变

基于景观生态学理论与方法,在ArcGIS平台支持下,利用地学统计和空间分析功能定量地分析黄河流域湿地时空格局及其变化特征,从而准确把握流域湿地资源的分布规律和变化趋势,是为湿地资源保护和管理提供决策支持的基础。

湿地景观格局是指大小和形状不一的湿地景观斑块在空间上的排列,是各种生态过程在不同尺度上综合作用的结果,具有显著的景观异质性,对景观的功能和过程有着重要的影响。湿地景观空间格局分析是研究湿地景观结构、功能及生态过程的基础。通过湿地景观格局和异质性分析可以把湿地景观的空间特征与时间过程联系起来,从而较为清楚地对湿地景观的内在规律性进行分析和描述。

目前,在景观生态学研究中应用较广的方法主要是景观格局指数方法和空间统计分析方法。其中,景观格局指数是指能够高度浓缩景观空间格局信息,反映其结构组成和空间配置等方面特征的定量指标。通过计算景观格局指数,不但可以比较不同景观之间的空间分布和组合特征等结构差异,还可定量描述和监测景观空间结构随时间的变化,因此成为景观定量化研究的新兴手段。

4.1 景观格局指数及分析方法

4.1.1 湿地格局分析

对于湿地而言,通常根据湿地的特性选用一些最能反映湿地景观格局变化特征的指数,如景观多样性指数、景观破碎化指数等指标来分析其格局,根据景观指数在不同时段内的动态变化来反映景观格局空间结构特征的变化。本书排除一些意义不明确、易产生冗余的景观指数,选择以下景观格局指数作为黄河流域湿地不同尺度下景观格局的度量指标。

4.1.1.1 面积类指数

斑块数(N):景观或单一景观类型的斑块数量。

平均斑块面积(AP):用于描述景观粒度,在一定意义上揭示景观破碎化程度。

最大斑块面积:包括整个景观和单一类型的最大斑块面积。

4.1.1.2 形状指数——分维数(FD)

分维数是分维变量的维度,是分维变量的主要特征数,在景观生态学中用以描述景观单元的形状特征。景观斑块的分维数通常采用周长与面积的线性回归方程进行计算,公式为:

$$\lg(L/4) = k\lg s + C$$

$$FD = 2k$$

式中,k为直线斜率;C为截距;L为斑块周长;s为斑块面积。

FD 值通常为 $1 \sim 2$。FD 值越趋近于 1，则斑块的自相似性越强，斑块形状越有规律；同时，斑块的几何形状越趋向简单，表明受干扰的程度越大。

4.1.1.3 景观多样性指数

1）Shannon – Weaver 指数（H）

Shannon – Weaver 指数计算公式为：

$$H = - \sum_{k=1}^{m} P_k \ln P_k$$

式中，P_k 为 k 种景观类型占总面积的比例；m 为景观类型总数。

H 一般简称为多样性指数，H 值的大小反映景观要素的多少和各景观要素所占比例的变化。当景观是由单一要素构成时，景观是均质的，其多样性指数为 0；由两个以上的要素构成的景观，当各景观类型所占比例相等时，其景观多样性为最高；各景观类型所占比例差异增大，则景观的多样性下降。

2）优势度指数（D）

优势度指数表示景观多样性对最大多样性的偏离程度，或描述景观由少数几个主要的景观类型控制的程度。优势度指数越大，表明偏离程度越大，即各种景观类型所占比例差异大，或少数景观类型占优势；优势度指数小，表明偏离度小，即各种景观类型所占比例大致相当；优势度指数为 0，表示组成景观的各种景观类型所占比例相等，景观完全均质，即由一种景观类型组成。计算公式为：

$$D = H_{max} + \sum_{k=1}^{m} P_k \ln P_k$$

式中，$H_{max} = \ln m$，其含义为当研究区各类型景观所占比例相等时，景观拥有最大的多样性指数。

3）相对均匀度指数（E）

相对均匀度指数用以描述不同景观类型的分配均匀程度，简称为均匀度指数。Romme（1982）的均匀度指数计算公式为：

$$H = - \ln \left[\sum_{k=1}^{m} (P_k)^2 \right]$$

$$H_{max} = \ln m$$

$$E = (H/H_{max}) \times 100\%$$

式中，E 为均匀度指数；H 为修正了的 Simpson 指数（多样性指数的一种）；H_{max} 为在给定丰富度条件下景观最大可能均匀度，其他字母含义同前。

均匀度指数也是描述景观由少数几个主要景观类型控制的程度，与优势度指数可相互验证。

4.1.1.4 景观破碎化指数

景观破碎化是指由于自然原因或人类活动干扰所导致的景观由简单趋向于复杂的过程。破碎化指数即用以描述景观中某景观类型在给定时间里和给定性质上的破碎化程度。本书以斑块密度指数、聚集度指数和景观生境面积破碎化指数来反映景观破碎化指标。

1）斑块密度指数（PD）

斑块密度指数是指斑块个数与面积的比值,在景观水平上被称为镶嵌度,在景观类型水平上则被称为孔隙度。该比值越大,破碎化程度越高。根据这一指数可以比较不同类型景观的破碎化程度状况,从而识别不同景观类型受干扰的强度。但该指数不能独立地反映同类型景观破碎化程度,需其他指数来补充。

2）聚集度指数（RC）

聚集度指数描述的是景观中不同景观类型的团聚程度。由于这一指数包含空间信息,因而广泛地被应用于景观生态学领域,是描述景观格局的最重要指数之一,计算公式为:

$$RC = 1 - C/C_{max}$$

$$C = -\sum_{i=1}^{m}\sum_{j=1}^{m} P(i,j)\lg P(i,j)$$

$$C_{max} = m\ln m$$

式中,RC 为聚集度指数（取值 $0\sim1$）;C 为复杂性指数;C_{max} 为 C 的最大可能值;$P(i,j)$ 为景观类型 i 与类型 j 相邻的概率;m 为景观类型总数。$P(i,j)$ 由下式估算:

$$P(i,j) = E(i,j)/TB$$

式中,$E(i,j)$ 为相邻景观类型 i 与类型 j 之间共同边界的长度;TB 为景观中不同景观类型间边界总长度。

RC 的取值大,代表景观由少数团聚的大斑块组成;RC 的取值小,则代表景观由许多小斑块组成,景观破碎化程度深。

3）生境破碎化指数（FI_k）

生境破碎化指数计算公式为:

$$FI_k = 1 - A_{k-max}/A$$

式中,FI_k 为第 k 类景观内部生境面积破碎化指数;A_{k-max} 为该景观类型最大斑块面积;A 为景观总面积。

一般而言,景观类型最大斑块面积越大,该指数取值越低。

4.1.2　湿地时空变化分析

根据地图代数原理,利用 ArcGIS 空间分析功能将不同时期的景观类型图进行叠置,并结合数学模型,对景观转移概率、动态度等空间格局动态变化指标进行有效的量测,并将空间变化进行直观的表达。

4.1.2.1　叠置分析

在 ArcGIS 中,运用空间分析功能,对两期湿地数据进行空间叠置分析,获得两个时段直观简洁的湿地/非湿地转换信息。

4.1.2.2　转移矩阵

转移矩阵是目前国内外定量分析景观类型间相互转移的一种方法。它能全面、具体地刻画区域景观变化的结构特征以及各种景观类型变化的方向,在土地利用变化研究中已经得到广泛应用。该方法来源于系统分析,是对系统状态和状态转移的定量描述。转移矩阵的数学表达式如下：

$$
a_{ij} = \begin{vmatrix} a_{11} & a_{12} & \cdots & a_{1n} \\ a_{21} & a_{22} & \cdots & a_{2n} \\ \vdots & \vdots & & \vdots \\ a_{n1} & a_{n2} & \cdots & a_{nn} \end{vmatrix}
$$

式中，a 为面积；n 为景观类型数；i、j 分别为研究初期与研究末期的景观类型。

根据该式可以求出由 t 时期到 $t+1$ 时期的景观变化的类型及其相互转化的数量关系，形成景观类型变化的转移矩阵。在矩阵中，行表示的是 t 时期第 i 种景观类型，列表示的是 $t+1$ 时期第 j 种景观类型；矩阵中的数据表示的是各景观类型由 t 时期转变为 $t+1$ 时期时各种景观类型的面积，即原始景观类型变化转移矩阵 a_{ij}。通过该矩阵，可定量化地分析湿地转变速度、动态度以及湿地在区域上的动态变化特征。

4.1.2.3　动态度分析

在景观格局演变的定量化研究与分析中，景观类型动态度是常用的量测研究区内一定时间范围内某一景观类型动态变化速率的重要指标，根据转移矩阵，动态度可由以下公式计算：

$$
LC = \frac{U_b - U_a}{U_a} \times \frac{1}{T} \times 100\%
$$

式中，LC 为研究时段内某一景观类型动态度；U_a 和 U_b 分别为研究初期及研究末期某一种景观类型的面积；T 为研究时段长度，若 T 的单位设定为年，则 LC 的值即表示该研究区内某种景观类型的年变化率。

景观动态度这一指标源于土地利用变化的研究，它与土地利用转化率计算方式相同，所代表的地学含义也相似，该指标的引入能够定量地描述景观的变化速度，对于揭示景观变化的趋势有积极意义。

综上所述，基于两期湿地分类数据，本书分别在流域、分区、典型湿地分布区三个尺度上选取适当方法对黄河流域湿地时空格局与变化特征进行分析。

4.2　流域湿地景观格局特征

运用 ArcGIS 技术，对流域湿地多样性、优势度、均匀度、分维数等景观指数进行了计算，结果表明，全流域湿地多样性指数在 1986～2006 年 20 年内比较稳定，分别为 0.852 和 0.853。其优势度、均匀度指数也仅有微小浮动（见表 4-1）。这表明黄河流域湿地类型丰富，并且其类型结构比较稳定。沼泽湿地、高寒沼泽湿地、河道湿地、河漫滩湿地作为构成流域湿地的主要类型，占流域湿地总面积的 80% 以上，但这四类湿地面积相差不大。另外，在流域湿地总体退化的态势下，面积比重较大的各类型自然湿地大都呈相应幅度的萎缩态势，而面积比重小的人工湿地有所增长。因此，黄河流域湿地整体上呈现多样性和均匀度较高、优势度中等的格局特征，并且，这种特征在 1986～2006 年的 20 年内变化甚微。

表 4-1　黄河流域湿地空间格局总体特征

年份	多样性指数 H	优势度指数 D	均匀度指数 E	镶嵌度 PD(个/km²)	聚集度指数 RC	分维数 FD
1986	0.852	0.523	0.716	0.321	0.812	1.405
2006	0.853	0.520	0.719	0.487	0.797	1.386

与此同时,流域湿地斑块镶嵌度从 1986 年的 0.321 个/km² 上升至 2006 年的 0.487 个/km²,聚集度指数则从 0.812 降低至 0.797。这说明黄河流域湿地在空间分布上有趋于破碎化和分散分布的趋势,大面积湿地斑块退化转变为多个离散的小面积斑块是流域湿地退化的重要形式。就分维数来看,其取值由 1.405 降低至 1.386。这说明流域湿地斑块的形状有趋向于简单化、规则化的态势,人为活动干扰的痕迹明显。

从黄河流域各类型湿地空间格局特征(见表 4-2)分析,滨海湿地的两种类型(近海水域和滩涂)由于斑块数少,因此其生境破碎化指数取值很小,地学意义不明显。其他自然湿地类型破碎化指数均高于人工湿地类型的取值,表明自然湿地相较于人工湿地而言,其斑块面积差异大,分布更为不均。从分维数来看,坑塘水面在 1986 年和 2006 年取值均为各类中最低,而蓄水区两个年度 1.301 和 1.296 的取值也较低,人工湿地斑块在外形上体现出明显强于自然湿地类型所受到的人为活动干扰程度。自然湿地中,河漫滩、湖泊、盐沼以及草本沼泽分维数取值也较低,表明人为活动对这几类湿地的干扰程度相对较大。

表 4-2　黄河流域各类型湿地空间格局特征

景观类型	1986 年			2006 年		
	镶嵌度 PD(个/km²)	生境破碎化指数 FI	分维数 FD	镶嵌度 PD(个/km²)	生境破碎化指数 FI	分维数 FD
河道湿地	0.086	0.767	1.640	0.119	0.863	1.628
河漫滩	0.675	0.869	1.145	0.983	0.948	1.130
湖泊	0.275	0.765	1.194	0.304	0.693	1.162
草本沼泽	0.267	0.966	1.286	0.597	0.986	1.277
高寒草本沼泽	0.277	0.893	1.332	0.408	0.884	1.324
林灌沼泽	0.567	0.879	1.389	0.899	0.961	1.357
高山湿地	1.208	0.891	1.517	1.267	0.888	1.471
盐沼	0.241	0.864	1.224	0.377	0.847	1.219
近海水域	0.002	0.000	—	0.002	0.000	—
滩涂	0.010	0.332	—	0.006	0.392	—
坑塘水面	0.795	0.732	1.130	1.015	0.781	1.127
蓄水区	0.103	0.706	1.301	0.110	0.743	1.296

4.3　流域湿地景观动态特征

基于 1986 年、2006 年两期黄河流域湿地分类数据,本研究通过叠加分析和空间分析获取了黄河流域湿地的类型转化与分布信息(见图4-1、表4-3、表4-4)。在此基础上通过进一步的地学统计,结果表明(见表4-3),1986~2006年的20年内,黄河流域内共有58.91万 hm² 湿地转变为非湿地。其中,草本沼泽、高寒草本沼泽、河漫滩和盐沼转变为非湿地的面积分别达 18.88 万 hm²、17.18 万 hm²、8.84 万 hm²、5.28 万 hm²。草本沼泽转变为草地或裸地、高寒草本沼泽转变为高寒草甸、河漫滩转变为耕地或荒地亦或建筑用地、盐沼转变为荒漠或沙地是流域湿地退化的几种重要方式。

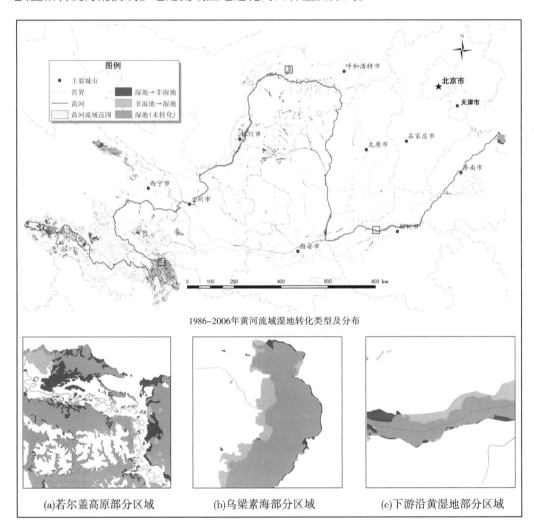

1986~2006年黄河流域湿地转化类型及分布

(a)若尔盖高原部分区域　　(b)乌梁素海部分区域　　(c)下游沿黄湿地部分区域

图 4-1　黄河流域湿地转化类型、分布及部分区域细节示意图

表 4-3　黄河流域湿地/非湿地类型转化面积统计　　　　　　(单位:万 hm²)

1986~2006 年	湿地→非湿地	非湿地→湿地	湿地净增减
面积统计	58.91	11.67	−47.24

表4-4 黄河流域湿地类型转移矩阵

（单位：hm²）

景观类型	河道湿地	河漫滩	湖泊	草本沼泽	高寒草本沼泽	林灌沼泽	高山湿地	盐沼	坑塘水面	蓄水区	近海水域	滩涂	非湿地	1986年面积
河道湿地	422 551.28	46 089.31	3 426.41	13 535.38	8 869.74	0	0	0	1 382.39	33 388.70	0	378.89	21 496.39	551 118.60
河漫滩	2 315.69	414 598.29	73.64	11 566.97	6 737.54	126.90	0	0	2 432.75	12 950.85	0	0	88 386.22	539 188.86
湖泊	430.28	81.11	192 631.64	42 234.99	23 111.93	0	0	4 570.68	1 628.59	134.58	0	0	2 620.43	267 444.23
草本沼泽	1 746.69	4 291.25	1 834.23	384 209.49	879.52	115.70	29.52	2 145.93	616.93	4 261.53	65.75	3 838.58	188 780.57	592 815.69
高寒草本沼泽	1 291.79	2 719.69	2 660.84	1 291.81	502 659.87	739.23	486.46	0	35.15	0	0	0	171 797.05	683 681.90
林灌沼泽	0	1 177.64	0	5 140.48	3 248.24	35 055.35	0	0	0	0	0	0	37 146.18	81 767.90
高山湿地	0	0	0	89.68	1 705.75	780.43	16 031.15	0	0	0	0	0	9 128.11	27 735.13
盐沼	0	0	0	737.06	0	0	0	7 751.72	10.31	0	0	0	52 798.99	61 298.08
坑塘水面	124.62	589.09	0	1 424.90	0	0	0	0	20 694.88	0	0	0	2 577.11	51 714.30
蓄水区	68.46	1 171.02	78.89	1 378.65	21.20	12.93	0	0	236.71	74 793.64	0	0	5 386.02	20 536.80
近海水域	0	0	0	81.35	0	0	0	0	0	0	41 182.70	3 159.04	7 291.22	25 410.61
滩涂	11.91	0	0	1 421.09	0	0	0	914.88	14.89	0	935.93	16 448.32	1 704.65	83 147.51
非湿地	6 383.00	4 341.10	195.7	36 035.07	25 028.77	3 425.10	1 686.86	15 383.2	3 977.56	17 087.93	5 478.89	12 179.27	—	—
2006年面积	434 923.72	475 058.52	200 901.38	499 146.94	572 262.56	40 255.64	18 233.99	15 383.64	47 666.26	36 004.2	31 030.15	142 617.25	—	—

与此同时,非湿地转变为湿地的过程也同样存在,其转变面积共计 11.67 万 hm²。其中,非湿地转变为草本沼泽、高寒草本沼泽、蓄水区的面积分别为 3.60 万 hm²、2.50 万 hm²、1.71 万 hm²。外部环境条件变化或人为活动影响导致了局部区域水文状况、土壤水分的变化,进而导致湿地发育增长是流域湿地变化的重要过程,例如水库兴建、拦蓄水设施的修筑导致的蓄水区面积的增长。

相比而言,黄河流域湿地转变为非湿地这一过程在分布范围、转变规模上都远远高于非湿地转变为湿地的过程。1986~2006 年,流域湿地面积净损失 47.24 万 hm²。

对黄河流域各类型湿地的面积变化与动态度(见图 4-1、表 4-5)分析可知,1986~2006 年,自然湿地中除滩涂外的各类湿地均呈面积缩减的趋势。盐沼的动态度达 -3.75%/a,远低于流域 -0.79%/a 的平均水平,表明其干涸消亡的速度尤为剧烈。此外,林灌沼泽、高山湿地、湖泊也表现出迅速萎缩的变化趋势。与此同时,人工湿地面积在 20 年间有所增长,例如,坑塘水面以每年 1.11% 的速度增长,蓄水区的面积增长速度达 3.58%/a。

表 4-5 黄河流域各类型湿地的面积变化与动态度(1986~2006 年)

景观类型	1986 年湿地面积(hm²)	2006 年湿地面积(hm²)	面积增减(hm²)	动态度(%/a)
河道湿地	551 118.60	434 923.72	-116 194.88	-1.05
洪漫湿地	539 188.86	475 058.52	-64 130.35	-0.59
湖泊	267 444.23	200 901.38	-66 542.85	-1.24
草本沼泽	592 815.69	499 146.94	-93 668.75	-0.79
高寒草本沼泽	683 681.90	572 262.56	-111 419.34	-0.81
林灌沼泽	81 767.90	40 255.64	-41 512.26	-2.54
高山湿地	27 735.13	18 233.99	-9 501.13	-1.71
盐沼	61 298.08	15 383.20	-45 914.88	-3.75
近海水域	51 714.30	47 663.26	-4 051.04	-0.39
滩涂	20 536.80	36 004.20	15 467.40	3.77
坑塘水面	25 410.61	31 030.15	5 619.54	1.11
蓄水区	83 147.51	142 617.25	59 469.74	3.58
总计	2 985 859.6	2 513 480.8	-472 378.8	-0.79

4.4 流域子区湿地格局及其变化

为了更好地把握黄河流域湿地空间分布与变化规律,根据黄河流域上中下游划分,将黄河流域分为源区(唐乃亥以上)、上游、中游、下游四个区域。

4.4.1 流域子区湿地及其变化特征

根据黄河源区及上中下游划分结果,结合两期湿地分类数据,通过空间叠置获取了各子区湿地变化特征(见表4-6)。统计显示,1986年,源区湿地面积最高,为129.97万hm²,占全流域湿地面积的43.53%。往下依次为上游区、中游区和下游区,湿地面积分别为97.23万hm²、44.15万hm²和27.24万hm²;2006年,各子区湿地面积均有不同幅度的下降,但所占流域湿地总面积的比例变化不大。源区、上游区、中游区、下游区湿地面积分别为102.87万hm²、84.75万hm²、37.45万hm²和26.28万hm²。

表4-6 黄河流域各子区湿地变化特征

流域子区	分区面积(万hm²)	湿地面积(万hm²)		湿地率(%)		占流域湿地面积比(%)	
		1986年	2006年	1986年	2006年	1986年	2006年
源区	1 227.18	129.97	102.87	10.59	8.38	43.53	40.93
上游	3 053.46	97.23	84.75	3.18	2.78	32.56	33.72
中游	3 437.13	44.15	37.45	1.28	1.09	14.79	14.90
下游	233.06	27.24	26.28	11.69	11.28	9.12	10.45
流域	7 950.83	298.59	251.35	3.76	3.16	100.0	100.0

4.4.2 源区湿地格局及其变化

黄河源区湿地面积大、分布广,其中高寒草本沼泽发育尤其广泛,是源区湿地最为主要的组成类型。高寒草本沼泽在1986年、2006年的面积分别为54.82万hm²和46.03万hm²,两个时期其所占源区湿地面积比例均高于40%。此外,草本沼泽、湖泊、河道湿地的面积在源区湿地中也占有较大的比例,是该区湿地重要的组成部分。源区人工湿地极少,1986年蓄水区面积只有104.48 hm²,约占源区湿地总面积的0.01%,2006年蓄水区面积有大幅度增长,其值达1 911.38 hm²,但其所占源区湿地面积的比例也仅为0.19%。

1986~2006年,源区湿地斑块镶嵌度从0.295个/km²骤升至0.582个/km²,同期聚集度指数从0.955降至0.931,这表明源区湿地在20年间破碎化进程显著,湿地斑块在空间上略有分散分布的趋势。分维数从1.503略降至1.492,显示在该区湿地退化过程中存在一定程度的人为干扰。源区湿地空间格局总体特征如表4-7所示。

表4-7 源区湿地空间格局总体特征

年份	多样性指数 H	优势度指数 D	均匀度指数 E	镶嵌度 PD(个/km²)	聚集度指数 RC	分维数 FD
1986	0.692	0.486	0.652	0.295	0.955	1.503
2006	0.673	0.529	0.621	0.582	0.931	1.492

1986～2006 年,源区人工湿地面积增长 1 806.90 hm²,同期各类自然湿地面积均有不同程度的降低,黄河源区湿地整体上以 1.04%/a 的速度急剧退化,高于全流域 0.79%/a 的退化速度,湿地保护的形势不容乐观。就动态度(见表4-8)来看,除河漫滩和高寒草本沼泽分别为 -0.45%/a 和 -0.80%/a 外,其他类型自然湿地的面积退化速度均高于平均水平,其中,林灌沼泽动态度达到 -2.51%/a,其 2006 年面积不足 1986 年面积的 50%。

表 4-8　源区各类湿地面积变化与动态度(1986～2006 年)

景观类型	1986 年湿地面积(hm²)	2006 年湿地面积(hm²)	面积增减(hm²)	动态度(%/a)
河道湿地	142 086.65	110 103.83	-31 982.82	-1.13
河漫滩	84 564.60	77 015.99	-7 548.62	-0.45
湖泊	158 224.97	117 941.66	-40 283.31	-1.27
草本沼泽	278 088.10	214 096.14	-63 991.96	-1.15
高寒草本沼泽	548 246.12	460 274.24	-87 971.88	-0.80
林灌沼泽	64 751.18	32 264.13	-32 487.05	-2.51
高山湿地	23 622.33	15 132.29	-8 490.03	-1.80
蓄水区	104.48	1 911.38	1 806.90	86.47
源区合计	1 299 688.43	1 028 739.66	-270 948.77	-1.04

4.4.3　上游湿地格局及其变化

从结构上看,人工湿地在黄河上游占有一定的比重,1986 年蓄水区、坑塘水面的面积分别为 5.98 万 hm² 和 1.19 万 hm²,2006 年分别上升至 7.37 万 hm² 和 1.29 万 hm²。两类湿地所占上游湿地总面积的比例均有所增加,2006 年人工湿地面积比例超过 10%。这主要归因于对上游河道的水电阶梯开发,自然河道湿地转变为人工水库湿地。

从表4-9 可以看出,黄河上游湿地类型构成比较均衡,湿地多样性较高。1986 年多样性指数达 0.836,均匀度指数为 0.768,但优势度指数仅为 0.378。2006 年,多样性指数和均匀度指数略有下降,分别为 0.799 和 0.727,优势度指数上升为 0.463,这是由于在湿地整体退化的过程中,减小幅度不一,所占面积比例较小的湿地类型剧烈萎缩,而面积较大的湿地类型所占比例进一步增加所致。

表 4-9　上游湿地空间格局总体特征

年份	多样性指数 H	优势度指数 D	均匀度指数 E	镶嵌度 PD(个/km²)	聚集度指数 RC	分维数 FD
1986	0.836	0.378	0.768	0.401	0.849	1.477
2006	0.799	0.463	0.727	0.485	0.845	1.468

1986～2006 年,上游湿地镶嵌度从 0.401 增至 0.485,聚集度指数基本稳定,分维数略有降低,表明该区 20 年来湿地空间分布格局相对稳定,斑块破碎化程度增加,人为干扰导致斑块形状简化。

从湿地动态度(见表4-10)来看,上游各类自然湿地的面积在20年内均有程度不一的减少。从变化速率来看,上游湿地总体以0.64%/a的速度减少,略低于流域湿地退化速率(0.79%/a)。自然湿地中,盐沼消亡速度达3.68%/a,林灌沼泽面积退化速度为2.65%/a,均远高于上游区域湿地退化速度的平均水平。水电梯级开发是上游湿地格局变化的重要原因之一。

表4-10　上游各类湿地面积变化与动态度(1986~2006年)

景观类型	1986年湿地面积(hm²)	2006年湿地面积(hm²)	面积增减(hm²)	动态度(%/a)
河道湿地	174 145.91	147 481.64	-26 664.27	-0.77
河漫滩	217 606.10	208 471.38	-9 134.71	-0.21
湖泊	70 306.67	51 535.44	-18 771.23	-1.33
草本沼泽	236 295.06	223 559.66	-12 735.40	-0.27
高寒草本沼泽	125 326.51	103 935.28	-21 391.23	-0.85
林灌沼泽	17 016.72	7 991.50	-9 025.21	-2.65
高山湿地	4 112.80	3 101.70	-1 011.10	-1.23
盐沼	55 709.28	14 744.02	-40 965.25	-3.68
坑塘水面	11 937.72	12 911.73	974.02	0.41
蓄水区	59 837.98	73 723.29	13 885.31	1.16
上游合计	972 294.75	847 455.64	-124 839.10	-0.64

4.4.4　中游湿地格局及其变化

河流(洪漫)湿地是该区湿地主要组成部分,1986年,河道湿地与河漫滩的面积占中游湿地面积比例分别达38.00%和34.26%,草本沼泽面积占中游湿地面积比例达12.12%,其他类型的自然湿地面积相对较小。2006年,河流湿地与河漫滩的面积均有较大幅度的降低,占中游湿地面积比例分别降至32.18%和30.23%,这与黄河水量减少、水文过程均化,河流、河漫滩湿地水源补给困难有很大关系。

1986~2006年,黄河流域中游湿地多样性指数、均匀度指数均略有上升,湿地优势度指数由0.562降至0.457(见表4-11),这主要与河流湿地面积的大幅度减少有关。与此同时,该区湿地镶嵌度由0.382个/km²升至0.530个/km²,而聚集度指数略有升高,表明该区湿地在20年间整体退化的过程中,散布的各类湿地面积迅速萎缩的同时,水利工程设施的兴建导致蓄水区面积大增,该区湿地整体上依托河流这一廊道分布的格局特征愈发显著,湿地空间分布上趋向于集中。同期,湿地斑块分维数由1.413降至1.371,表明该区湿地受人为干扰影响的程度较大。

表 4-11 中游湿地空间格局总体特征

年份	多样性指数 H	优势度指数 D	均匀度指数 E	镶嵌度 PD（个/km²）	聚集度指数 RC	分维数 FD
1986	0.659	0.562	0.608	0.382	0.878	1.413
2006	0.705	0.457	0.694	0.530	0.883	1.371

从湿地面积变化(见表 4-12)上看,近 20 年中,黄河中游湿地萎缩最为强烈。河道湿地与河漫滩湿地分别减少了 47 220.06 hm²、38 040.13 hm²。而人工湿地中,蓄水区的面积增长了 42 529.90 hm²。这主要归因于小浪底水库的修建导致河流湿地转变为蓄水区。综上所述,河流湿地面积的大幅度降低、各类自然湿地的整体萎缩和人工湿地面积的迅速增长是黄河流域中游湿地变化的主要特征,而大型水利工程兴建、黄河水量减少、水文过程均化是该区湿地资源变化的首要因素。

表 4-12 中游各类湿地面积变化与动态度(1986～2006 年)

景观类型	1986 年湿地面积(hm²)	2006 年湿地面积(hm²)	面积增减(hm²)	动态度(%/a)
河道湿地	167 738.76	120 518.71	−47 220.05	−1.41
河漫滩	151 253.81	113 213.68	−38 040.13	−1.26
湖泊	22 659.62	16 109.68	−6 549.94	−1.45
草本沼泽	53 505.49	39 421.33	−14 084.16	−1.32
高寒草本沼泽	10 109.28	8 053.05	−2 056.23	−1.02
盐沼	5 588.80	639.18	−4 949.62	−4.43
坑塘水面	13 039.40	16 393.55	3 354.15	1.29
蓄水区	17 577.62	60 107.52	42 529.90	12.10
中游合计	441 472.78	374 456.68	−67 016.10	−0.76

4.4.5 下游湿地格局及其变化

黄河流域下游湿地集中分布于河口三角洲,河流湿地和滨海湿地是下游湿地结构的主体。1986 年河道湿地、河漫滩湿地分别占下游湿地总面积的 24.65% 和 31.48%。近海水域占 18.98%,滩涂占 7.54%,草本沼泽和湖泊占下游湿地总面积的 9.15%、5.97%。人工湿地面积较小。2006 年,人工湿地的面积有所增长,蓄水区、坑塘水面面积增长,两者所占下游湿地总面积的比例均较 1986 年有所上升,但人工湿地在下游湿结构中所占比重仍很低。自然湿地中,滩涂面积有所增长,其他各类型自然湿地面积较 1986 年均有所下降,其中河道湿地和河漫滩所占面积比例下降明显,分别降至 21.62% 和 29.05%。

由下游湿地空间格局总体特征(见表4-13)可知,1986~2006年,由于滩涂、坑塘水面和蓄水区面积的增加以及河流湿地面积的大幅度下降,流域下游湿地多样性指数由0.737升至0.770,均匀度指数由0.741升至0.789,优势度指数则由0.383显著下降至0.305。就湿地斑块空间分布特征来看,低镶嵌度与高聚集度的组合显示出下游区湿地斑块面积大、空间分布趋于集中的特征。较低的分维数(两期均低于1.3)说明该区湿地受人为干扰影响的程度很大。

表4-13　下游湿地空间格局总体特征

年份	多样性指数 H	优势度指数 D	均匀度指数 E	镶嵌度 PD (个/km²)	聚集度指数 RC	分维数 FD
1986	0.737	0.383	0.741	0.054	0.964	1.297
2006	0.770	0.305	0.789	0.060	0.962	1.282

从湿地变化(见表4-14)来看,受黄河河道断流、水文情势变化、人类围垦等影响,下游河道湿地、河漫滩的萎缩强烈;滩涂湿地显著增长,人工湿地略有增加,下游湿地面积整体上以0.18%/a的速度减少。坑塘水面以14.90%/a的速度增长,居于各类型之首,但由于基数小,因此其增长对该区湿地整体结构影响甚微。滩涂湿地面积以3.77%/a的速度增长,而蓄水区面积的扩展速度也达到1.11%/a。其他类型湿地动态度均小于0,呈面积萎缩的态势。其中,河道湿地动态度为-0.77%/a,在该区各类型湿地中退化最为快速。

表4-14　下游各类湿地面积变化与动态度(1986~2006年)

景观类型	1986年湿地面积(hm²)	2006年湿地面积(hm²)	面积增减(hm²)	动态度(%/a)
河道湿地	67 147.28	56 819.55	-10 327.73	-0.77
河漫滩	85 764.35	76 357.47	-9 406.88	-0.55
湖泊	16 252.97	15 315.60	-938.37	-0.29
草本沼泽	24 927.04	22 069.81	-2 857.23	-0.57
滩涂	20 536.80	36 004.20	15 467.40	3.77
近海水域	51 714.30	47 663.26	-4 051.04	-0.39
坑塘水面	433.49	1 724.87	1 291.38	14.90
蓄水区	5 627.43	6 875.06	1 247.63	1.11
下游合计	272 403.66	262 828.82	-9 574.84	-0.18

4.5　流域典型湿地格局及其变化

4.5.1　若尔盖高原湿地格局与动态

若尔盖高原是一个完整的丘状高原,是世界上海拔最高、面积最大的高原泥炭沼泽分布区,同时也是黄河流域湿地分布最为集中的区域之一。有"高原水塔"之誉的若尔盖高原湿地,规模大,分布广,在涵养水源、径流补给等方面发挥着重要作用,其生态功能的稳定对区域乃至黄河全流域的水资源安全和生态安全都具有重要意义。

本书选取若尔盖县、红原县、阿坝县和玛曲县中隶属黄河源区的部分作为典型区域湿地格局分析的范围(见图4-2)。

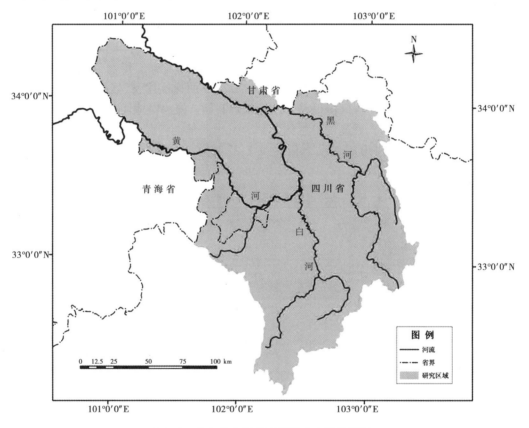

图4-2　若尔盖高原典型湿地分布区位置图

4.5.1.1　湿地分类及遥感数据说明

根据实地湿地与植被调查资料,结合植被覆盖、土地利用等信息,为了更准确地分析该区湿地格局及其变化特征,在前文湿地分类系统的基础上,扩展出湿地/非湿地景观分类系统,以适应该区湿地分析所需(见表4-15)。该区湿地共包括河流、河漫滩、湖泊、沼泽湿地、林灌沼泽以及高山湿地共6类。对于该区非湿地景观,参考植被覆盖、土地利用等相关辅助数据划分为 6 类,分别为草甸、灌丛、林地、裸地/沙化地、旱地、人居/建筑景观。

表 4-15 若尔盖高原湿地/非湿地景观分类系统

1 级	2 级	3 级	说明
湿地景观	自然湿地	河流	包括常年性、季节性或暂时性河流及支流、溪流
		河漫滩	季节性洪泛湿地,包括河漫滩、河心洲
		湖泊	
		沼泽湿地	包括高寒草本沼泽以及高寒沼泽化草甸
		林灌沼泽	泥炭灌丛、季节性泛滥矮树灌丛沼泽、森林泥炭地等
		高山湿地	高山苔原、融雪形成的暂时性水域
非湿地景观	自然非湿地	高寒草甸景观	亚高山草甸
		灌丛景观	亚高山灌丛
		林地景观	
		裸地/沙化地	
	人工非湿地	旱地	
		人居/建筑景观	

基于上述分类系统,以 1980 年、1994 年 TM 影像以及 2006 年北京一号卫星 DMC 影像为主要数据源,参考相应年份土地利用数据以及分辨率更高的 Spot5 影像对局部区域进行修正,获取了三期若尔盖高原湿地数据。

4.5.1.2 湿地结构特征及动态变化

若尔盖高原湿地以沼泽湿地为基质,以河流湿地为廊道,其他类型湿地为缀块,从而形成缀块—廊道—基质的基本构型。河漫滩、林灌沼泽、高山湿地均依托廊道分布并呈现明显的规律性特征。从表 4-16 可以看出,1980 年,沼泽湿地占绝对优势,面积占湿地总面积的 80.74%;其次为季节性或临时性积水的林灌湿地,主要分布于各河道溪流上游的狭窄沟谷及部分河漫滩,其面积占区域湿地总面积的 12.81%;河流与河漫滩所占面积比例分别为 3.30% 和 1.98%;而湖泊以及分布于受冰雪融水补给的河流源区的高山湿地均不足 1%。

从表 4-17 可以看出,1994 年湿地在结构上仍以沼泽湿地为主体,沼泽湿地在规模、面积和分布上依然占有绝对的优势,其斑块数、面积、最大斑块面积均居于各类之首,占区域湿地总面积比例达 82.40%。河流斑块数少,面积为 206.70 km²,河漫滩面积为 127.59 km²,分别占湿地总面积的 3.87%、2.39%。与 1980 年相比,林灌湿地面积有所下降,所占湿地总面积比例降至 9.93%。湖泊、高山湿地的面积比例均不足 1%。

表 4-16   1980 年若尔盖高原湿地面积与结构特征

景观类型	面积 （km²）	占区域湿地总 面积比例（%）	斑块数 （个）	平均斑块面积 （km²）	最大斑块面积 （km²）
河流	218.03	3.30	41	5.32	101.77
河漫滩	131.16	1.98	558	0.24	4.17
湖泊	39.30	0.60	42	0.96	6.58
沼泽湿地	5 339.29	80.74	1 401	3.81	749.77
林灌湿地	847.34	12.81	824	1.03	25.91
高山湿地	37.94	0.57	17	2.23	15.66
总计	6 613.06	100	2 883	2.29	749.77

表 4-17   1994 年若尔盖高原湿地面积与结构特征

景观类型	面积 （km²）	占区域湿地总 面积比例（%）	斑块数 （个）	平均斑块面积 （km²）	最大斑块面积 （km²）
河流	206.70	3.87	38	5.44	100.91
河漫滩	127.59	2.39	542	0.24	3.45
湖泊	29.36	0.55	35	0.84	6.30
沼泽湿地	4 402.65	82.40	1 430	3.08	585.36
林灌湿地	530.79	9.93	712	0.75	21.73
高山湿地	45.88	0.86	111	0.41	2.82
总计	5 342.97	100	2 868	1.86	585.36

从表 4-18 可以看出,2006 年,若尔盖高原沼泽湿地面积虽相对前两期有大幅度的下降,其值为 3 305.72 km²,但其所占湿地总面积比例升至 86.99%。同时,河流面积及其所占比例均有所上升,分别为 225.97 km² 和 5.95%。该区湿地以沼泽湿地为基质、以河流为廊道的基本构型特征愈加突出。其他几类作为缀块的湿地类型在面积及其所占比例两项指标比 1994 年均同时下降,面积萎缩与分布分散的特征更加显著。

4.5.1.3   湿地格局特征及动态变化

根据 1980~2006 年若尔盖高原湿地空间格局特征指数及其变化(见表 4-19),1980 年若尔盖高原湿地的景观多样性指数和均匀度指数都比较小,分别为 0.298 和 0.224。其原因主要是研究区湿地只有六种类型,且各湿地类型所占比例差异较大。该区湿地以沼泽湿地为主要构成要素,其优势度指数极其明显。从空间格局上看,若尔盖湿地分布较为集中,1980 年聚集度指数达 0.941,镶嵌度小,整体破碎化水平较低。1980 年分维数达 1.531,湿地斑块几何形状复杂,自相似性差,人为干扰程度相对较低。

表 4-18　2006 年若尔盖高原湿地面积与结构特征

景观类型	面积 （km²）	占区域湿地总 面积比例（%）	斑块数 （个）	平均斑块面积 （km²）	最大斑块面积 （km²）
河流	225.97	5.95	42	5.38	118.23
河漫滩	63.68	1.67	258	0.25	2.66
湖泊	14.26	0.37	10	1.43	4.65
沼泽湿地	3 305.72	86.99	1 660	1.99	552.80
林灌湿地	165.93	4.37	425	0.39	7.06
高山湿地	24.56	0.65	35	0.70	2.13
总计	3 800.12	100	2 430	1.56	552.80

表 4-19　若尔盖高原湿地空间格局特征指数及其变化

年份	多样性指数 H	优势度指数 D	均匀度指数 E	镶嵌度 PD （个/km²）	聚集度指数 RC	分维数 FD
1980	0.298	1.105	0.224	0.436	0.941	1.531
1994	0.292	1.118	0.206	0.537	0.923	1.519
2006	0.238	1.244	0.151	0.639	0.933	1.483

1980～2006 年，若尔盖湿地在这 26 年中，多样性指数和均匀度指数有所降低，至 2006 年分别为 0.238 和 0.151，而优势度指数上升至 1.244。在该区湿地的结构组成上，沼泽湿地的规模优势愈发显著，各类湿地之间的不均衡性和规模差异也逐年上升。与此同时，该区湿地镶嵌度呈递增趋势，2006 年其值为 0.639；聚集度指数略有波动，2006 年为 0.933，略低于 1980 年的 0.941，分维数则呈逐年递减的趋势，至 2006 年降低至 1.483。这表明，该区湿地破碎化进程逐年加剧，湿地斑块在空间上略呈分散分布的态势，人为干扰对区域湿地变化的影响逐年上升，导致斑块形状趋于简单化。

4.5.1.4　湿地类型转化与面积变化特征

若尔盖高原湿地在 20 世纪 60 年代开始出现初步退化现象，但总体上属于自然环境变化，人类干扰甚微，湿地景观基本面貌相比更早期无重要变化。随着人类对湿地干扰破坏力度的加强，湿地面积在进入 80 年代后迅速缩减，尤其是沼泽湿地发生大面积萎缩。1980～2006 年，该区湿地面积从 6 613.06 km² 缩减至 3 800.12 km²，湿地退化的形势非常严峻。

统计数据（见表 4-20）表明，1980～1994 年，研究区湿地面积共计减少 1 270.09 km²，其中沼泽湿地面积减少 936.64 km²，占湿地面积缩减总量的 73.75%。高山湿地是该时段唯一的面积有增长的湿地类型，其面积增长量为 7.94 km²，这是由于受气候变化的影响，若尔盖高原南端高海拔地带冰川积雪融化增速所致。

表 4-20　若尔盖高原湿地面积变化统计

景观类型	面积（km²）			面积增减（km²）	
	1980 年	1994 年	2006 年	1980～1994 年	1994～2006 年
河流	218.03	206.70	225.97	−11.33	19.27
河漫滩	131.16	127.59	63.68	−3.57	−63.91
湖泊	39.30	29.36	14.26	−9.94	−15.10
沼泽湿地	5 339.29	4 402.65	3 305.72	−936.64	−1 096.93
林灌湿地	847.34	530.79	165.93	−316.55	−364.86
高山湿地	37.94	45.88	24.56	7.94	−21.32
湿地总计	6 613.06	5 342.97	3 800.12	−1 270.09	−1 542.85

　　1994～2006 年，若尔盖高原湿地呈持续缩减趋势，其总面积在该时段内减少 1 542.85 km²，其中沼泽湿地面积减少 1 096.93 km²。除河流外，各类湿地面积均大幅度下降，其中林灌湿地、湖泊、河漫滩的面积均降至不足 1994 年同类型湿地面积的 50%。

　　根据 1980 年、1994 年和 2006 年三期湿地分类数据，利用 ArcGIS 软件进行叠加分析得到 1980～1994 年以及 1994～2006 年两个时段若尔盖高原湿地/非湿地景观转化空间格局（见图 4-3、图 4-4）和湿地/非湿地面积转移矩阵（见表 4-21、表 4-22）。

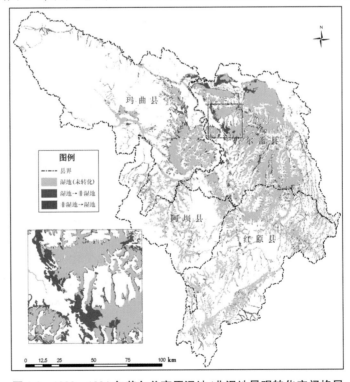

图 4-3　1980～1994 年若尔盖高原湿地/非湿地景观转化空间格局

表 4-21 若尔盖高原 1980~1994 年湿地/非湿地景观类型空间转移矩阵

（单位:km²）

景观类型	河流	河漫滩	湖泊	沼泽湿地	林灌湿地	高山湿地	高寒草甸	灌丛	林地	人居/建筑景观	旱地	裸地/沙化地	1980 年面积
河流	202.13	6.93	0.00	3.34	0.24	0.00	4.89	0.41	0.00	0.04	0.01	0.03	218.03
河漫滩	2.77	103.23	0.00	1.69	0.67	0.00	21.52	0.85	0.00	0.03	0.00	0.40	131.16
湖泊	0.00	0.00	28.82	9.41	0.00	0.00	1.05	0.01	0.00	0.00	0.00	0.00	39.30
沼泽湿地	0.69	14.34	0.32	4 248.70	10.83	0.00	1 040.21	15.23	4.06	0.15	0.32	4.46	5 339.29
林灌湿地	0.32	1.25	0.00	74.80	493.85	35.30	223.47	14.91	3.36	0.01	0.00	0.06	847.34
高山湿地	0.00	0.00	0.00	3.56	1.20	10.35	15.92	4.99	1.93	0.00	0.00	0.00	37.94
高寒草甸	0.15	1.74	0.21	60.74	23.24	0.22	17 608.68	1.11	0.44	0.02	1.53	156.28	17 854.37
灌丛	0.64	0.10	0.00	0.39	0.70	0.01	0.83	1 348.73	0.01	0.00	0.00	0.27	1 351.68
林地	0.01	0.00	0.00	0.00	0.07	0.00	0.21	0.02	176.10	0.00	0.00	0.02	171.42
人居/建筑景观	0.00	0.00	0.00	0.01	0.00	0.00	0.03	0.00	0.00	11.37	0.00	0.00	11.41
旱地	0.00	0.00	0.00	0.01	0.00	0.00	0.03	0.00	0.00	0.00	53.56	0.00	53.59
裸地/沙化地	0.00	0.00	0.00	0.01	0.00	0.00	0.10	0.00	0.00	0.00	0.00	427.31	427.42
1994 年面积	206.71	127.59	29.35	4 402.66	530.80	45.88	18 916.94	1 386.26	185.90	11.62	55.42	588.83	26 487.95

表4-22 若尔盖高原1994～2006年湿地/非湿地景观类型空间转移矩阵

（单位：km²）

景观类型	河流	河漫滩	湖泊	沼泽湿地	林灌湿地	高山湿地	高寒草甸	灌丛	林地	人居/建筑景观	旱地	裸地/沙化地	1994年面积
河流	199.70	1.41	0.00	2.78	0.18	0.00	1.41	0.37	0.00	0.01	0.00	0.84	206.70
河漫滩	14.78	57.78	0.00	10.13	0.88	0.00	33.78	6.55	0.00	0.01	0.00	3.68	127.59
湖泊	0.01	0.00	11.60	16.76	0.00	0.00	0.98	0.00	0.00	0.00	0.00	0.00	29.36
沼泽湿地	6.56	1.66	2.42	3 101.62	0.04	9.03	1 276.77	2.81	0.22	0.26	0.12	1.14	4 402.65
林灌湿地	1.01	0.90	0.00	5.65	159.12	11.23	32.75	301.08	18.67	0.00	0.00	0.38	530.79
高山湿地	0.02	0.00	0.00	15.92	0.00	0.17	27.72	1.68	0.07	0.00	0.00	0.30	45.88
高寒草甸	1.65	1.74	0.23	149.60	0.04	3.94	18 594.92	2.43	0.69	0.04	4.20	157.46	18 916.94
灌丛	2.04	0.06	0.00	1.09	5.66	0.19	1.79	1 372.34	0.00	0.00	0.00	3.11	1 386.28
林地	0.02	0.00	0.00	1.00	0.01	0.00	0.45	0.01	184.39	0.00	0.00	0.01	185.89
人居/建筑景观	0.00	0.00	0.00	0.00	0.00	0.00	0.00	0.00	0.00	11.57	0.00	0.00	11.61
旱地	0.00	0.00	0.00	0.27	0.00	0.00	44.37	0.00	0.00	0.00	10.77	0.00	55.41
裸地/沙化地	0.18	0.13	0.00	0.90	0.00	0.00	3.61	0.90	0.00	0.00	0.00	583.11	588.83
2006年面积	225.97	63.68	14.25	3 305.72	165.93	24.56	20 018.59	1 688.17	204.04	11.89	15.09	750.03	26 487.93

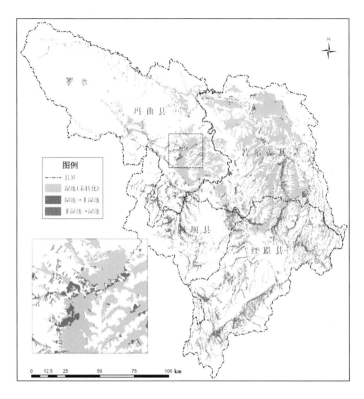

图 4-4　1994～2006 年若尔盖高原湿地/非湿地景观转化空间格局

可以看出,两个时段内若尔盖高原湿地转化为非湿地的面积均远高于非湿地向湿地转化的面积,分别为 1 358.32 km² 和 1 711.60 km²(见表 4-23)。这表明 1980～2006 年以来,湿地逆向演替过程在该区始终占据着主导地位,湿地面积大幅度萎缩是该时段湿地变化乃至区域总体景观动态的主要形式。

表 4-23　若尔盖高原湿地/非湿地面积转化统计

时段(年)	1980～1994		1994～2006	
转化方式	湿地→非湿地	非湿地→湿地	湿地→非湿地	非湿地→湿地
转化面积(km²)	1 358.32	88.23	1 711.60	168.75

两个时段内沼泽湿地转出面积都居于各类型之首,分别为 1 090.60 km² 和 1 301.03 km²。与此同时,两个时段内转入面积最高的景观类型均为高寒草甸,其值分别为 1 308.26 km² 和 1 423.67 km²(见表 4-24)。其中,沼泽湿地转变为高寒草甸的面积在两个时段内分别达 1 040.21 km² 和 1 276.77 km²(见表 4-21、表 4-22),占沼泽湿地转出总面积的比例分别为 95.38% 和 98.14%,占高寒草甸景观转入面积的比例分别达到 79.51% 和 89.68%。这表明沼泽湿地转化为高寒草甸是若尔盖高原湿地变化乃至整体景观动态中最重要的一种形式,同时也是该区湿地退化和逆向演替的最主要过程。

表 4-24　若尔盖高原各类景观类型转化统计特征

景观类型	1980～1994 年			1994～2006 年		
	转出面积（km²）	转入面积（km²）	动态度（%/a）	转出面积（km²）	转入面积（km²）	动态度（%/a）
河流	15.90	4.58	−0.37	7.00	26.27	0.78
河漫滩	27.93	24.36	−0.19	69.81	5.90	−4.17
湖泊	10.47	0.53	−1.81	17.75	2.65	−4.29
沼泽湿地	1 090.60	153.95	−1.25	1 301.03	204.10	−2.08
林灌湿地	353.48	36.94	−2.67	371.67	6.81	−5.73
高山湿地	27.59	35.53	1.49	45.71	24.39	−3.87
高寒草甸	245.68	1 308.26	0.43	322.02	1 423.67	0.49
灌丛	2.94	37.54	0.18	13.94	315.83	1.81
林地	0.32	9.79	0.38	1.50	19.65	0.81
人居/建筑景观	0.04	0.25	0.13	0.04	0.32	0.20
耕地	0.04	1.85	0.24	44.64	4.32	−6.06
裸地/沙化地	0.11	161.52	2.70	5.72	166.92	2.28

　　该区各类型湿地中,沼泽湿地 1980～1994 年其动态度为 −1.25%/a,1994～2006 年下降至 −2.08%/a,表明沼泽湿地呈加速退化的趋势;河漫滩、湖泊、林灌湿地也呈现相似的动态趋势。河流面积在 1994～2006 年有所增长,动态度为 0.78%/a,这一增长主要来源于河漫滩向河流的转化(见表 4-22),其原因是 2006 年 6 月期间短期强降水导致的河流水位上升。高山湿地在 1980～1994 年面积有所增长,而 1994～2006 年以 3.87%/a 的速度萎缩,造成这一结果的主要原因是外部气候条件变化导致的冰冻苔原与临时性冰雪积水区域的迅速发育、形成、演化和消亡,致使这一类型湿地在空间分布上整体性地向高海拔处迁移,其面积受气候、地形地貌条件的影响和限制而并不稳定。

　　非湿地景观中,高寒草甸、灌丛、林地、人居/建筑景观、裸地/沙化地 5 类景观类型其动态度在两个时段内均为正值,表明两个时段内这些景观类型的面积都有不同幅度的增长,尽管非湿地转化为湿地的过程一直存在,但这一过程相比湿地转化为非湿地过程而言强度非常小。裸地/沙化地在 1980～1994 年转出面积仅 0.11 km²,转入面积达到 161.52 km²,动态度高达 2.70%/a(见表 4-24),同期高寒草甸转化为裸地/沙化地的面积为 156.28 km²,1994～2006 年裸地/沙化地相关各项指标仍呈现近似的关系与趋势,表明若尔盖高原裸地/沙化地自 1980 年以来一直迅速扩张,同时,高寒草甸转化为裸地/沙化地是该区景观逆向演替中的重要过程。

4.5.2 乌梁素海湿地格局与动态

　　乌梁素海位于内蒙古巴彦淖尔市乌拉特前旗境内(见图 4-5),是由黄河改道而形成的河迹湖,是全球范围内半荒漠地区极为少见的具有很高生态效益的大型多功能湖泊,在我国湿地、荒漠及动物物种三大生态系统保护中均具有十分重要的地位。乌梁素海以河套灌区农田排水为主要补给源,经乌加河汇入乌梁素海后由西山嘴的河口排入黄河,是河套灌区排灌水系的重要组成部分,对灌区排水和控制盐碱化起着关键作用,它的存在对于调节湖周农牧区的小气候、维持生态平衡有着极其重要的意义。

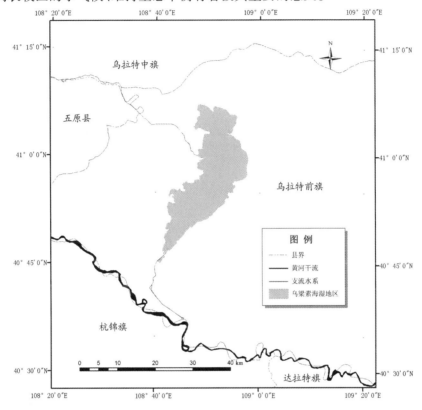

图 4-5 乌梁素海位置示意图

乌梁素海湿地包括自然湿地和人工湿地两大类,自然湿地主要由湖泊水体和草本沼泽湿地构成,人工湿地主要指人工芦苇区。根据数据精度要求和乌梁素海湿地实际状况,将该区湿地划分为 4 个类型:湖泊(主要指明水面)、草本沼泽(包括天然芦苇群落和眼子菜群落分布区)、湖滩沙洲(无植被覆盖的季节性或临时性积水滩地)以及人工芦苇区。1986 年、2006 年乌梁素海湿地分类及分布信息如图 4-6 所示。

对 1986 年和 2006 年乌梁素海不同湿地类型的统计(见图 4-6、表 4-25)表明,1986年,乌梁素海尚无人工芦苇区存在。草本沼泽和湖泊是该区湿地构成的主体,两者面积分别为 17 386.39 hm²、13 702.01 hm²,占该区湿地总面积比例分别为 54.78% 和 43.17%。乌梁素海北端有少量湖滩沙洲分布,面积为 649.33 hm²,仅占湿地总面积的 2.05%。

2006 年,人工芦苇区成为乌梁素海湿地构成的一个重要类型,其面积为 3 182.66 hm²,占湿地总面积的 8.57%。草本沼泽和湖泊两者所占湿地总面积的比例略有下降,但依然是该区湿地的主要构成类型。草本沼泽面积在 2006 年为 18 577.24 hm²,湖泊面积为 14 656.88 hm²。湖滩沙洲的面积在 2006 年升至 708.10 hm²,所占比例为 1.91%。

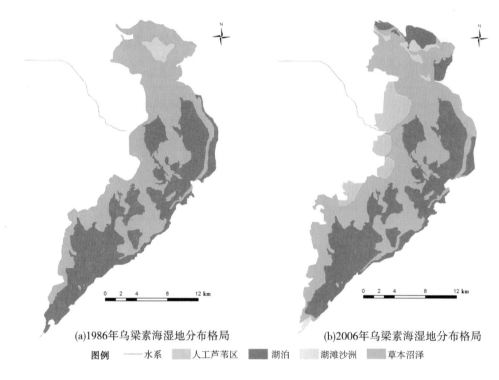

(a)1986年乌梁素海湿地分布格局　　　　　　　(b)2006年乌梁素海湿地分布格局

图例 ——水系 ▨人工芦苇区 ■湖泊 ▨湖滩沙洲 ■草本沼泽

图4-6　乌梁素海湿地类型与空间格局

表4-25　乌梁素海湿地面积与结构特征

年份	指标	湖泊	湖滩沙洲	草本沼泽	人工芦苇区	总计
1986	面积(hm²)	13 702.01	649.33	17 386.39	0	31 737.73
	占湿地总面积比例(%)	43.17	2.05	54.78	0	100
2006	面积(hm²)	14 656.88	708.10	18 577.24	3 182.66	37 124.89
	占湿地总面积比例(%)	39.48	1.91	50.04	8.57	100

　　通过对乌梁素海湿地两期数据的空间叠置(见图4-7),1986~2006年,湿地转变为非湿地的过程主要发生在乌梁素海北端和湖区东侧,而湖区西侧大面积地存在非湿地转变为湿地的过程。从发生范围和规模上看,非湿地→湿地的转变过程远强于湿地→非湿地的转变过程,该区湿地总体上呈面积增长、范围扩张的态势。

　　从图4-7和表4-26可以看出,乌梁素海湿地面积在20年间增长了5 387.16 hm²,动态度达0.85%/a,增长速度明显。人工芦苇区的开辟和扩展是该区湿地增长的主要因素,1986~2006年,人工芦苇区从无到有,面积达到3 182.66 hm²,占湿地增长总面积的59.08%。

自然湿地中，草本沼泽面积增加了 1 190.85 hm²，增长速度为 0.34%/a。乌梁素海湖区范围整体扩张是草本沼泽扩展的一个重要原因，同时，富营养化所引起的湖泊水体向芦苇群落演替的湖泊沼泽化过程也是导致该区沼泽增长的重要原因。数据显示，1986～2006 年，共有 491.73 hm² 的湖泊水体转变为草本沼泽（见表 4-27）。乌梁素海水体富营养化的污染源，主要来自于农田退水中的氮、磷及工业废水和生活污水。在保持区域湿地资源总量的同时，应控制日益加重的富营养化状况，以避免湿地结构和生态功能遭受破坏，这是乌梁素海湿地资源保护所面临的重要问题。

同期，乌梁素海湖泊面积增长 954.88 hm²，增长速度为 0.35%/a；湖滩沙洲面积增长 58.77 hm²，增长速度为 0.45%/a。

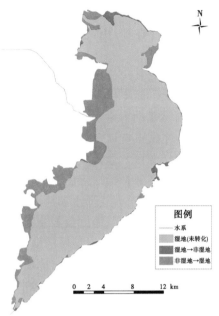

图 4-7　1986～2006 年乌梁素海湿地/非湿地转化格局

表 4-26　乌梁素海湿地变化特征统计

湿地类型	1986～2006 年面积增减（hm²）	占湿地增长总面积比例（%）	动态度（%/a）
湖泊	954.88	17.72	0.35
湖滩沙洲	58.77	1.09	0.45
草本沼泽	1 190.85	22.11	0.34
人工芦苇区	3 182.66	59.08	—
总计	5 387.16	100	0.85

表 4-27　乌梁素海湿地面积转移矩阵(1986～2006 年)　　　　(单位:hm²)

湿地类型	湖泊	湖滩沙洲	草本沼泽	人工芦苇区	非湿地	1986 年面积
湖泊	12 954.06	48.57	491.73	0.00	207.65	13 702.01
湖滩沙洲	60.11	427.77	161.44	0.00	0.00	649.33
草本沼泽	1 044.60	120.96	15 637.42	285.36	298.05	17 386.39
人工芦苇区	0.00	0.00	0.00	0.00	0.00	0.00
非湿地	598.11	110.79	2 286.65	2 897.30	—	—
2006 年面积	14 656.88	708.10	18 577.24	3 182.66	—	—

4.6 近20年黄河流域湿地变化原因分析

近20年来,黄河流域湿地变化的驱动力包括自然和人为两方面因素。自然驱动因子常常是在较大的时空尺度上作用于景观格局,引起大面积的景观发生变化。黄河流域湿地变化的自然驱动力主要包括降水量减少、气温升高、地下水水位下降、冻融作用等。黄河流域153个站点统计资料表明,70~90年代黄河流域气温呈升高趋势、降水量呈减少趋势。在上游源区气温升高会使冻土融化,地下水水位降低,会破坏水循环,导致冻融区沼泽湖泊因水资源补给缺乏而萎缩。中游区河道附近的沼泽湖泊湿地主要依赖于降水和主河道渗透补给,对大气降水和河流水量更为敏感,一旦降水量、河流流量减少,则与河道命运相关的沼泽湖泊湿地就会萎缩干涸,对于远离主河道的闭流湖,其对降水和地下水的依赖性更大,鄂尔多斯高原地区的众多湖泊都属此类。

人为驱动力主要是指人类对流域水土资源的不合理利用和湿地资源的不合理开发。人类活动对水资源循环影响很大,包括采矿修路、拦河筑坝、截流灌溉和过度用水等都会导致水资源短缺、地下水水位下降,产生一系列生态环境问题。

4.6.1 源区高寒湿地退化原因

黄河源区湿地主要生态问题是沼泽退化、湖泊萎缩、冰川退缩、土地沙漠化等,导致湿地涵养水源功能下降、鱼类栖息地破坏、生物多样性降低。黄河源区湿地生态环境十分脆弱,生态系统结构单一,气候干旱化是导致黄河源区湿地退化的主要原因,其次是人类干扰,如过度放牧、不合理开发、疏干沼泽等。

受全球气候变化的影响,黄河源区气候干旱化趋势比较明显。全球气候变暖是源区湿地生态环境恶化的主要自然因素。气候变暖,蒸发加大,使地表旱化,植被退化,湖泊退缩,原本脆弱的生态系统稳定性降低,恢复能力减弱,成为驱动湿地退化的主要原因。年降水量减少直接导致了源区湿地地表径流的减少和地下水水位的不断下降。而温度升高一方面造成蒸发量加大,使地表趋于旱化;另一方面造成地下冻土层融化,使大量地表水向土层深部渗透,使地表径流量大幅度减少。同时,温度升高也使高寒沼泽草甸逐渐演变为高寒草甸草场,并造成植被覆盖度降低,裸地不断扩展,严重地段土地已荒漠化。另外,源区属于青藏高原高寒地区,地下存在常年冻土层,这一冻土层是不透水层,能够成功地阻止地表水下渗。而在气候变暖之后,冻土层急剧退化,隔离地表水的能力明显降低,使大量的地表水下渗,直接造成了湿地的干涸、萎缩和地下水水位的不断下降。由此可见,气候干旱、降水减少是诱发源区湿地大面积干涸、萎缩的一个重要因素。

人为因素对源区高寒湿地的不利影响主要表现在对资源不合理的开发利用上。近年来,畜牧业的快速发展,导致过度放牧的局面,大大加速了草场退化的速度,导致了湿地大面积干涸、萎缩。另一个人为因素是在天然草场、沼泽滥挖药材、开发泥炭、乱砍滥伐、乱开采矿产资源,土壤、植被遭到严重毁坏,破坏了草地、沼泽生态环境,诱发了草地、沼泽的进一步退化和沙化,加速了湿地退化、草场退化的进程。超载过牧和滥挖乱采打破了原有相对平衡的生物链,致使狼、狐狸、鹰、鸟类等失去了原有的栖息地而数量大幅度下降,这便给旱獭、鼠、兔、虫等动物的生存提供了有利条件,从而导致了鼠、虫害大面积发生,造成源区湿地严重退化、沙化和盐碱化。

4.6.2　上游湖库湿地变化原因

上游湖泊湿地存在的主要问题是湿地环境恶化、湿地面积萎缩等,如乌梁素海由于接收了大量农灌退水及工业废污水,导致水环境污染、高度富营养化,严重制约了其湿地生态功能的发挥。工农业污染、湿地围垦改造、人工湿地过度扩张、旅游开发等是上游湖泊湿地面临的主要威胁,而区域水资源缺乏和水资源不合理利用加剧了湿地的生态环境恶化。

上游水库湿地存在的主要问题是湿地环境恶化和湿地功能下降等。人为对库区淤滩进行围垦、打坝筑堤、围滩造田等是上游库区湿地存在的主要威胁因子,如青铜峡库区鸟岛原来湖泊密布,但目前农田已占整岛的51%;其次是城市开发、旅游开发、工业废水超标排放等。

4.6.3　上中下游河道湿地变化原因

黄河在宁夏平原和河套平原的自然河道宽而浅,常在离主河道数百米处才有防洪堤,地势相对平坦,所以河床可以比较自由地摆动,造成河床与漫滩的不断变化,形成了大面积洪漫湿地。黄河禹门口—潼关段(亦称小北干流),属汾黄渭地堑中典型的游荡性河道,河床宽浅,主流摆动不定,河心洲和河漫滩极为发育。为了控制河道游荡引起的两岸塌岸毁村,1968年开始对该河段进行治理,沿河两岸形成了相对稳定的边滩、嫩滩、河漫滩等湿地资源。黄河自孟津进入平原,河宽流缓,泥沙淤积,为防御大洪水,沿河修筑了防洪大堤,黄河两岸堤距从几千米到几十千米不等,主河道的游荡摆动、汛期洪水漫滩及调水调沙时河水出槽漫滩,造成黄河滩涂增加,在堤防等边界条件的约束下,沿河塑造了大面积湿地。同时,因下游主槽严重淤积,大堤外侧宽 2~8 km 内,地势低洼,排水不畅,黄河侧渗水露出地表,地面常年积水,形成大面积的背河洼地(沼泽湿地),呈带状分布于黄河两岸大堤的外侧,其中郑州—开封河段为集中分布区,是水禽的重要栖息地。

综上所述,黄河河道湿地是河道行洪通道的一部分,黄河河道湿地形成、发展和萎缩与黄河水沙条件、河道边界条件、人类活动等密切相关。特殊的地理位置和独特的社会背景,使黄河河道及河漫滩湿地具有季节性、地域分布呈窄带状、人类活动干扰极强等区别于其他湿地类型的基本特征,主河道淤积演变是河道湿地发展、发育、变化的主要驱动力。黄河河漫滩湿地大部分位于黄河中下游,人口密集,人类活动频繁,环境压力和保护难度大,湿地周边经济的发展对湿地的依赖性极强,人与湿地争水、争地现象日趋严重。湿地围垦是黄河中下游湿地保护面临的主要威胁,据统计,目前已有60%以上的河漫滩被开垦为农田和鱼塘,部分河段河漫滩开垦率高达80%,下游滩区还居住着189.5万居民;其次是黄河水沙情势变化,水量减少及汛期大流量出现概率和洪水漫滩概率减小,湿地水源补给困难;大型水利工程兴建导致蓄水区面积大增,人工湿地增加,自然湿地减少,是湿地景观结构变化的重要驱动因子。

4.6.4 下游河口三角洲湿地变化原因

下游河口三角洲湿地变化有以下原因。

4.6.4.1 黄河断流

在全球气候变化大背景下,黄河入海水量多少不仅决定着本区的水文状况,而且影响着整个三角洲湿地景观格局及其动态演变。自 1972 年黄河首次出现断流现象到 1999 年的 28 年中,有 22 年出现断流,尤其 20 世纪 90 年代以来,黄河持续发生断流,断流时间不断延长,断流时间最长的一次是在 1997 年,利津水文站测得断流天数长达 226 天。从图 4-8 可以看出,自 1993 年以来,黄河断流逐年加重,尤其从 1995 年到 1998 年,黄河断流天数都在 100 天以上。黄河断流对黄河三角洲湿地的影响是十分巨大的,湿地生态系统响应有些是迅速而显著的,但有些是长期的。断流从根本上影响并改变着黄河三角洲的水动力和水环境条件,促使滨海湿地的景观格局、生态结构发生变化。随着黄河断流的发生、发展,三角洲失去了维系本区水系和湿地平衡的主导因素,来沙量减少导致海岸蚀退,滨海滩涂面积缩小;黄河淡水输入量的逐年减少,导致该区域水分盐度增加,湿地植被向中生、盐生植被退化。黄河断流使黄河入海流量不断减少,从根本上影响并改变着黄河三角洲湿地的水动力和水沙条件,促使黄河三角洲湿地的景观格局发生变化。

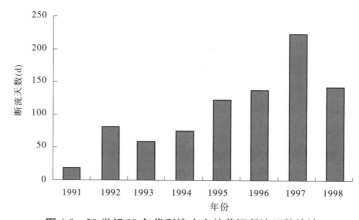

图 4-8 20 世纪 90 年代利津水文站黄河断流天数统计

近年来实施黄河水量统一调度及河口生态调度,实现了黄河 11 年不断流,取得了显著的生态效益,黄河三角洲淡水湿地面积减少和功能退化问题有所缓解。但生态系统的修复和恢复是一个长期的过程,今后仍需进一步加强黄河水资源统一管理和调度,强化黄河河口生态调度实施力度,保证河口生态用水,减少人类活动干扰,加强湿地保护与修复,促进黄河三角洲生态系统的良性维持。

4.6.4.2 风暴潮

风暴潮的发生不仅会加速海岸蚀退及海水入侵,恶化湿地水环境,而且将使滨海湿地生态系统结构与功能遭受严重破坏,天然植被因高盐度海水浸渍而遭到破坏,成为光板地或退化为盐生植被,使湿地生态系统发生逆向演替。1992 年、1997 年和 2003 年黄河三角洲内均出现了特大的风暴潮灾害,其中以 1997 年最为严重,海水淹没面积达 141 700 hm^2。

4.6.4.3 人类活动

为保护黄河三角洲的新生湿地及自然资源,1992 年 10 月,东营市在黄河入海口处及刁口河故道处建立山东黄河三角洲国家级自然保护区,同年 12 月成立黄河河口管理局,下辖黄河口、一千二、大汶流 3 个管理站。保护区的成立有效遏制了农田开垦对新生湿地的破坏。但是,不可避免的经济开发活动仍然对黄河三角洲湿地构成威胁。滩涂被大量的盐田、养殖水面所代替。黄河三角洲的滩涂面积由 1986 年的 13.13 万 hm^2 减少到了 2006 年的 8.01 万 hm^2,其退化速率很快,而此期间养殖水面和盐田的面积迅速增加;油田的开发造成了黄河三角洲湿地景观的破碎化程度加大,而且油田污染导致湿地环境恶化。道路设施、住房工矿、沿岸大堤等大量修建,占用并切割了湿地,破坏了湿地的完整性,使湿地景观趋向破碎化。

总之,影响黄河流域湿地变化的因素很多,且各因素间并非简单的线性或因果关系,需要进一步深入研究。

第5章 黄河流域重要湿地景观空间异质性分析

空间异质性是景观的重要属性,它是指景观的变异程度,类似于景观类型的多样性。根据 Webster New Dicitionary,异质性是"由不相关或不相似的组成构成的"系统,是指某种生态学变量在空间分布上的不均匀性及复杂程度。空间异质性有三方面内容:空间组成,即生态系统类型的种类、数量及其面积比例;空间构型,即各生态系统的空间分布、斑块形状、斑块大小等;空间相关,即各生态系统的空间关联程度、空间梯度、空间尺度等。景观空间异质性有利于吸收环境的干扰,提供一种抗干扰的可塑性,有利于景观的稳定,尽管表面看起来异质使得景观好像是杂乱无章的,但这种状态和交替恰好抹去了景观中的剧烈性变化,而使之趋向于一种动态稳定的状态。

景观空间异质性的存在决定了景观空间格局的多样性和斑块多样性。一般来说,景观异质化程度越高,越有利于保持景观中的生物多样性。维持良好的景观异质性,能够提高景观的多样性与复杂性,有利于景观的持续发展。

黄河流域湿地景观在流域中由于位于高地和水体之间的特殊空间位置,具有明显的梯度结构特征。这种景观梯度结构特征是指由于环境梯度,主要是指地形的高度梯度和水分的湿度梯度导致的湿地景观类型的梯度差异。黄河流域从西到东横跨青藏高原、内蒙古高原、黄土高原和黄淮海平原四个地貌单元,从河源区域到河口形成了高度变化的梯度空间,并随高度梯度的变化而改变着水文条件;黄河流域内气候分为干旱、半干旱和半湿润气候,随着高度梯度和水文条件的不断改变,河流湿地景观类型发生着河流能量传输方向上的生态空间演替。而每一种河流湿地景观类型由于微地貌、区域水文条件、土壤条件等差异又可以表现为生态系统和群落尺度上的进一步更为细致的梯度分异规律。这样沿着一定的地形梯度和水文梯度,黄河流域湿地景观表现出特殊的纵向结构、横向结构的梯度特征及景观内部结构特征。基于上述湿地景观在流域中的梯度特征,流域湿地景观空间异质性分成 3 种类型:一种是从河源到河口的纵向空间异质,一种是表示河漫滩等与河流垂直的横向空间异质,还有一种是表示景观斑块体内部结构特征的景观内部格局。

5.1 流域重要湿地识别

黄河上中下游湿地在流域中作为整体系统而存在,并发挥整体功能,均具有保护价值,但黄河是一个资源性缺水河流,水资源支撑条件有限,本研究重点关注与黄河干流有直接、间接水力联系或位于黄河河流廊道范围内的湿地资源,通过对有限目标的重点保护实现河流整体生态系统的健康和流域层面生态效益的优化。根据国家相关定位,按照黄河健康和河流生态系统保护的总体要求,在流域主要保护湿地筛选基础上,从保护区的保护目标特性、主要保护对象生境条件、系统维持对水资源的依托关系、水资源的干扰影响与支撑能力评估等角度,对流域生态保护目标中的保护性湿地进行识别,统筹分析湿地主体功能、保护级别、重要性及与黄河干流水力联系等因素,筛选出流域重要湿地 17 处(见表 5-1、图 5-1)。

表 5-1　黄河流域重要湿地

重要湿地名称	保护级别	湿地类型	湿地生态功能定位	国际或国家重要湿地	全国生态功能区定位
三江源湿地(黄河源区部分)	国家级	青藏高寒源区湿地,主要类型为沼泽、河流和草甸、湖泊湿地	国家主要江河涵养水源极为重要功能区、濒危保护性鸟类栖息迁移中转区域,高寒土著冷水鱼类"三场一道"	其中鄂陵湖、扎陵湖湿地是国际重要湿地,岗纳格玛错等湿地是中国重要湿地	全国水源涵养生态功能区,三江源水源涵养重要区,黄河源高寒草甸草原水源涵养三级功能区
曼则唐湿地	省级	青藏高寒源区湿地,主要类型为沼泽、河流和草甸、湖泊湿地	黄河极为重要涵养水源功能区、濒危水生鸟类栖息越冬区域,特有土著鱼类"三场一道"	中国重要湿地(属若尔盖高原湿地的一部分)	若尔盖水源涵养重要区,黄河源高寒草甸草原水源涵养三级功能区
若尔盖湿地	国家级	青藏高寒源区湿地,主要类型为沼泽、河流和草甸、湖泊湿地	黄河极为重要涵养水源功能区,提供珍稀濒危鸟类栖息地、调节气候及维护生物多样性等多种功能,土著鱼类"三场一道"	国际重要湿地、中国重要湿地	若尔盖水源涵养重要区
黄河首曲湿地	省级	青藏高寒源区湿地,主要类型为沼泽、河流和草甸、湖泊湿地	黄河极为重要涵养水源功能区,提供珍稀濒危鸟类栖息地、调节气候及维护生物多样性等多种功能,土著鱼类"三场一道"	中国重要湿地(属若尔盖高原湿地的一部分)	甘南水源涵养重要区
黄河三峡湿地	省级	上游干旱区域库湖湿地	调蓄洪水,濒危水生鸟类栖息地、生物多样性保护区,鱼类"三场"		全国土壤保护生态功能区
青铜峡库区湿地	省级	上游干旱区域库湖湿地	调蓄洪水,濒危水生鸟类游禽和涉禽栖息地,生物多样性保护区	中国重要湿地	全国农产品提供生态功能区
沙湖湿地	省级	上游干旱区域低洼库湖湿地	补给地下水,气候调节,濒危水生鸟类游禽和涉禽栖息地,生物多样性保护区		

重要湿地名称	保护级别	湿地类型	湿地生态功能定位	国际或国家重要湿地	全国生态功能区定位
乌梁素海湿地	省级	上游干旱区域低洼库湖湿地	生物多样性保护区,鱼类"三场",濒危水生鸟类游禽栖息地,洪水调蓄,气候调节	中国重要湿地	全国农产品提供生态功能区
南海子湿地	省级	黄河干流河流型湿地	生物多样性保护区,濒危水生鸟类游禽栖息地,洪水调蓄,气候调节,鱼类"三场"		
杭锦淖尔湿地	省级	黄河干流河流型湿地	生物多样性保护区,洪水调蓄,濒危水生鸟类游禽栖息地,气候调节,鱼类"三场一道"		
陕西黄河湿地	省级	流域河流型湿地	生物多样性保护区,洪水调蓄,濒危水生鸟类游禽栖息地,气候调节,鱼类"三场一道"		全国农产品提供生态功能区
运城湿地	省级	黄河干流河流型湿地	生物多样性保护区,洪水调蓄,濒危水生鸟类游禽栖息地	三门峡库区湿地是中国重要湿地	全国农产品提供生态功能区,全国水源涵养生态功能区
河南黄河湿地	国家级	黄河干流河流型湿地	生物多样性保护区,洪水调蓄,濒危水生鸟类游禽栖息地,鱼类"三场"		
新乡黄河湿地	国家级	黄河干流河流型湿地	生物多样性保护区,洪水调蓄,濒危水生鸟类游禽栖息地,鱼类"三场"	中国重要湿地	全国农产品提供生态功能区
郑州黄河湿地	省级	黄河干流河流型湿地	生物多样性保护区,洪水调蓄,濒危水生鸟类游禽栖息地,鱼类"三场"		
开封柳园口湿地	省级	黄河干流河流型湿地	生物多样性保护区,洪水调蓄,濒危水生鸟类游禽栖息地,鱼类"三场"		
黄河三角洲湿地	国家级	黄河口海洋、滨海和淡水湿地	生物多样性保护极为重要区,洪水调蓄区,濒危水生鸟类和陆生动植物保护区	中国重要湿地	全国生物多样性保护生态功能区,黄河三角洲湿地生物多样性保护重要区

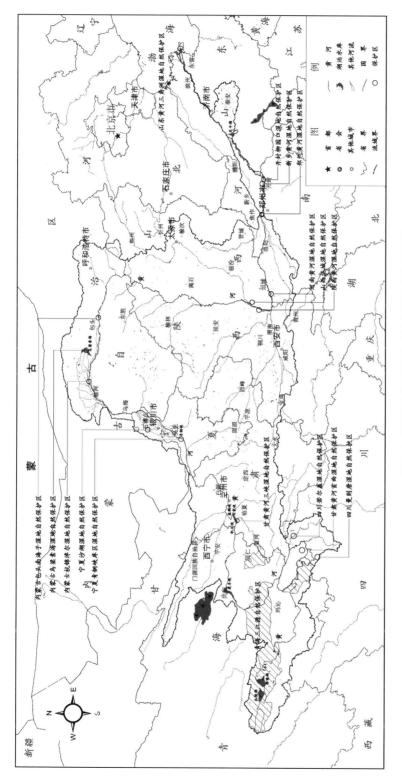

图 5-1 黄河流域重要湿地自然保护区分布示意图

5.2 流域重要湿地景观空间分布

采用景观生态学的理论,在流域 17 块重要湿地自然保护区主要植被类型和保护关键物种栖息生境的生态调查基础上,通过湿地斑块在河流系统中的权重和斑块间的镶嵌度及连接度分析,揭示流域层面上黄河生态系统各主要斑块的空间异质性。

从黄河重要湿地自然保护区斑块面积在流域生态系统的权重分析(见表 5-2),黄河水资源 D1 和 D2 分区中的湿地生态斑块,相对流域重要湿地空间格局优势接近 90%,远高于同区域一般性湿地所占流域的权重份额,斑块功能及与河流的连通性、物种和景观的多样性也属于生态学良好的水平,说明源区湿地生态在景观格局层面上有较大优势;而 D3 水资源分区的重要湿地资源权重份额则远小于同区域一般性湿地所占流域的权重份额,河流生态系统层面上乌梁素海、沙湖等主要斑块生境与黄河生态廊道形成了一定程度的物理和生物阻隔,区域内重要湿地的景观格局和生态稳定性均低于周边一般性湿地的水平。

表 5-2　黄河重要湿地自然保护区斑块面积在流域生态系统的权重分析

流域水资源分区	流域湿地型自然保护区	保护区斑块			保护区内湿地	
		保护区面积(km²)	占黄河重要湿地保护区的比例(%)	占各水资源分区的比例(%)	斑块面积(km²)	占各水资源分区的比例(%)
D1	三江源自然保护区(黄河源区部分)	42 100.0	77.37	36.56	3 699.3	5.50
	曼则唐湿地自然保护区	1 658.7	3.05		1 255.4	
	若尔盖湿地自然保护区	1 665.7	3.06		1 283.9	
	黄河首曲湿地自然保护区	2 596.7	4.77		1 007.7	
D2	黄河三峡湿地自然保护区	195.0	0.36	0.36	132.2	0.15
D3	青铜峡库区湿地自然保护区	195.7	0.36	1.09	76.4	0.32
	沙湖湿地自然保护区	109.3	0.20		25.0	
	乌梁素海湿地自然保护区	600	1.10		278.0	
	杭锦淖尔湿地自然保护区	857.5	1.58		138.3	
	南海子湿地自然保护区	16.6	0.03		14.3	
D5	陕西黄河湿地自然保护区	573.5	1.05	0.86	289.2	0.51
	河南黄河湿地自然保护区	210	0.39		170.3	
	山西运城湿地自然保护区	868.6	1.60		518.6	

流域水资源分区	流域湿地型自然保护区	保护区斑块			保护区内湿地	
		保护区面积（km²）	占黄河重要湿地保护区的比例（%）	占各水资源分区的比例（%）	斑块面积（km²）	占各水资源分区的比例（%）
D6	河南黄河湿地自然保护区（库区湿地）	470	0.86	2.04	210.7	1.14
	郑州黄河湿地自然保护区	380.1	0.70		266.8	
D7	开封柳园口湿地自然保护区	161.5	0.30	8.48	88.0	4.70
	新乡黄河湿地自然保护区	227.8	0.42		126.2	
	黄河三角洲湿地自然保护区	1 530	2.81		849	
合计		54 416.7	100	5.65	10 429	1.08

注：表中河南黄河湿地保护区分别位于 D5 和 D6 区。总面积是 680 km²，其中位于 D5 区的面积为 210 km²，位于 D6 区的面积为 470 km²。

各水资源分区重要湿地保护区及保护区中湿地生态斑块占区内生态系统的比例关系，源区（D1）和下游（D7）分区的比例分别为 36.56%、5.50% 和 8.48%、4.70%，位居各分区前两位，属异质性较好的状态；各保护区总面积和其中湿地资源面积比较，湿地面积最大的区域是黄河 D5、D6 水资源分区，主要是因为其湿地类型主要为河流洪漫湿地，水面较大，其湿地斑块与水体廊道的连通程度相对最优，湿地景观和植被的优势度指数较高；D2 和 D3 分区宁蒙重要湿地保护区中的湿地生态斑块占其分区的比例分别为 0.15% 和 0.32%，从景观生态学的指标判断，其生态异质性属一般状况。

从斑块景观的生态镶嵌度和破碎化角度分析，黄河源区和下游河道重要湿地的连通与渗透效应较好，不存在河道物理阻隔作用，以鱼类和水生浮游、底栖动植物为代表的生物流，可以实现系统一定范围内的生物学连通。

5.3 流域重要湿地景观内部格局及演变趋势

自然保护区核心区是保存完好的自然生态系统，包括湿地类型最典型、重点保护野生动植物分布最集中的区域。根据流域重要湿地保护区建区时调查研究报告，进行流域重要湿地保护区"三区"面积和功能分区空间格局分析（见表 5-3），大部分湿地自然保护区核心区面积所占比例约为 30%，核心区湿地类型以水域、沼泽为主，植被类型以水生、湿生为主。

在 ArcGIS 手段基础上，根据湿地生态功能结构和代表性景观斑块的空间布局情况，探讨了流域保护性湿地类型的水生和湿生植被景观结构面积变化情况（见表 5-4）。从调查和遥感资料来看，黄河保护性湿地资源以水生和湿生植被为标志的核心区面积呈现萎缩态势，涉水植被面积较原保护区划定时的统计面积已减少了 18% 左右，保护区具有重要生态功能的涉水湿地面积下降是流域重要湿地生态功能退化的重要原因。但上游重要湿地的水生、湿生植被面积呈增长态势,其中为旅游开发、经济发展而进行的人工湿地过度修复和重建是该区水生、湿生植被面积增长的重要原因,乌梁素海人工芦苇区的开辟和扩展是该湿地增长的主要因素。同时,富营养化所引起的湖泊水体向芦苇群落演替的湖泊沼泽化过程也是导致该区沼泽增长的重要生态过程。上游部分区域在区内水资源供需矛盾极为突出、超计划指标耗用黄河水情况下,不考虑水资源承载条件而开展的人工湿地过度修复和重建工作,将对本地区及下游的自然湿地景观格局造成一定的负面影响,从而可能对流域湿地整体保护及流域生态平衡产生负面影响。

表 5-3　黄河重要湿地保护区的内部格局

湿地类型	湿地名称	保护区面积（hm²）	核心区		缓冲区		实验区	
			面积（hm²）	比例（%）	面积（hm²）	比例（%）	面积（hm²）	比例（%）
河源水源涵养型湿地	三江源湿地（黄河源区部分）	4 210 000	587 500	14.0	803 500	19.1	2 819 000	67.0
	曼则唐湿地	165 874	51 682	31.2	10 568	6.4	103 624	62.5
	若尔盖湿地	166 571	64 694	38.8	63 577	38.2	38 300	23.0
	黄河首曲湿地	259 674	81 291	31.3	69 892	26.9	108 491	41.8
	小计	4 802 119	785 167	16.4	947 537	19.7	3 069 415	63.9
上游湖库或河道型湿地	黄河三峡湿地	19 500	14 976	76.8	3 524	18.1	1 000	5.1
	青铜峡库区湿地	19 572	5 150	26.3	6 023	30.8	8 399	42.9
	沙湖湿地	10 933	3 573	32.7	2 830	25.9	4 530	41.4
	乌梁素海湿地	60 000	9 300	15.5	12 000	20.0	38 700	64.5
	杭锦淖尔湿地	85 754	22 170	25.9	19 947	23.3	43 637	50.9
	南海子湿地	1 664	781	46.9	255	15.3	628	37.7
	小计	197 423	55 950	28.3	44 579	22.6	96 894	49.1
中下游河道型湿地	新乡黄河湿地	22 780	7 973	35.0	7 290	32.0	7 517	33.0
	开封柳园口湿地	16 148	5 849	36.2	0	0.0	10 299	63.8
	郑州黄河湿地	38 007	9 209	24.2	2 617	6.9	26 181	68.9
	陕西黄河湿地	57 348	22 611	39.4	22 306	38.9	12 431	21.7
	河南黄河湿地	68 000	21 600	31.8	9 400	13.8	37 000	54.4
	运城湿地	86 861	36 019	41.5	7 326	8.4	43 516	50.1
	小计	289 144	103 261	35.7	48 939	16.9	136 944	47.4
河口湿地	黄河三角洲湿地	153 000	36 034	23.6	9 235	6.0	38 879	25.4

表 5-4　流域重要湿地水生、湿生生境格局

类型	流域重要湿地	保护区水生、湿生生境面积（km²）	
		保护区建立时面积	2006 年遥感调查面积
源区湿地	三江源湿地（黄河源区部分）	4 797	3 682
	曼则唐湿地	1 628	123
	若尔盖湿地	1 665	946
	黄河首曲湿地	1 008	1 029
	小计	9 098	5 780
上游湿地	黄河三峡湿地	173	159
	青铜峡库区湿地	113	90
	沙湖湿地	28	43
	乌梁素海湿地	297	371
	杭锦淖尔湿地	224	489
	南海子湿地	16	15
	小计	851	1 167
中下游河道湿地	新乡黄河湿地	133	18
	开封柳园口湿地	94	212
	郑州黄河湿地	285	243
	陕西黄河湿地	319	278
	河南黄河湿地	407	249
	运城湿地	554	611
	小计	1 792	1 611
河口湿地	黄河三角洲湿地	973	849
总计	流域重要湿地自然保护区	12 714	9 407

5.4　流域重要湿地景观纵向异质性

在流域尺度上,河流景观的空间格局可用缀块—廊道—基质模式进行描述。在河流景观生态系统中,我们可以将流域重要湿地定义为斑块性缀块,黄河等主要河流确定为关键生态廊道,而流域或水资源分区中大面积的草地和耕地则可界定为流域主要基质。流域 17 块重要湿地生物的栖息生境,分布于流域 8 个水资源分区的 6 个分区基质中,属于典型的环境资源斑块。各主要斑块的生物流和生物信息通过河流廊道实现生态景观功能的连通。从河流生态系统上分析,黄河从河源到河口随地形梯度和湿度梯度变化,湿地景

观表现出明显的空间差异性(见图5-2~图5-5)。

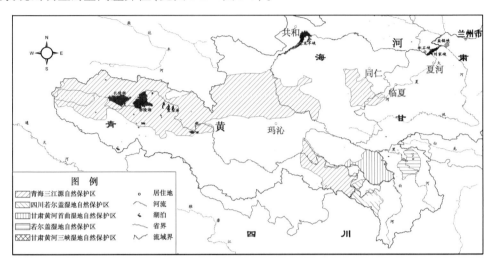

图 5-2　黄河源区保护性重要湿地空间位置关系示意图

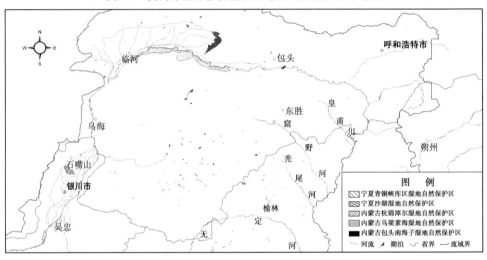

图 5-3　黄河宁蒙河段保护性重要湿地空间位置关系示意图

5.4.1　湿地景观斑块面积

斑块面积大小是影响单位面积生物量、生产力和养分储存,以及物种组成和多样性的主要因素,它决定着斑块甚至整个景观的功能。一般来说,大型斑块比小型斑块有更多的物种,更有能力维持和保存基因的多样性;大型自然植被涵养水源、沟通水系网络能力强。

黄河源区湿地具有较大的斑块面积,其中三江源湿地斑块(黄河源区部分)面积最大,为5 000 km²,其余湿地斑块也在1 600 km²以上。源区大面积湿地斑块具有很强的水源涵养能力,是我国水源涵养重要区,且生物多样性丰富,物种个体数量规模较大;其次是河口湿地,斑块面积约为1 500 km²,河口湿地生物多样性极其丰富,是我国生物多样性保

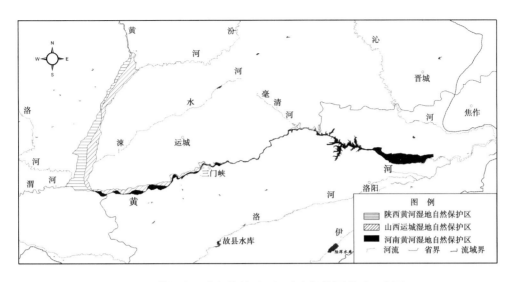

图 5-4　黄河中下游保护性重要湿地空间位置关系示意图

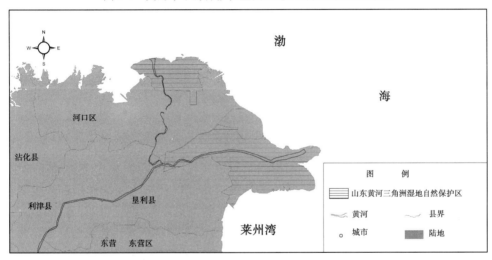

图 5-5　黄河河口三角洲保护性重要湿地空间位置关系示意图

护重要区;中下游河道湿地平均斑块面积约为 300 km^2,具有较高的生物多样性;上游湖库湿地斑块面积最小,约为 140 km^2,景观和物种及重要生境的多样性相对较低。

5.4.2　湿地景观斑块形状

斑块形状对生物扩散和动物觅食以及物质与能量的迁移具有重要的影响,圆形或方形的斑块内部生境大,有利于物种的保护。

在黄河流域尺度上,黄河河流重要湿地以点、线、面形状分布于黄河廊道沿岸。其中源区、河口等重要湿地景观斑块则近似呈圆形或方形,相关湿地斑块面积较大,大多以面状形态分布于河流两端;中下游河道湿地则依黄河形态呈狭长带状分布,在流域尺度上表现为线形;上游湖库湿地因斑块面积较小,在流域尺度上,以点形零星分布于黄河上游。

5.4.3 湿地景观结构

从流域湿地景观空间结构来看,流域源区湿地是黄河生态系统的主体湿地资源,占流域重要湿地总面积的71.56%。其次是中下游河道湿地,占14.09%,中下游河道湿地集中分布于禹门口—东坝头河段;河口三角洲湿地、上游湖库湿地所占比例相对较小,分别占6.69%、7.65%。

从流域各湿地景观类型构成来看,源区湿地中沼泽湿地景观、草甸湿地、水域湿地类型均占相当比例;上游湿地以河流湖泊的水域湿地类型占有绝对优势,其次为河漫滩湿地;中下游湿地与上游湿地相比,水域面积比例有所下降,但河漫滩湿地比例急剧增加;河口湿地中则以滩涂湿地景观和沼泽湿地景观占主体。黄河重要湿地景观结构分析如表5-5所示。

表5-5 黄河重要湿地景观结构分析

重要湿地自然保护区空间分布	占流域重要湿地自然保护区比例(%)	重要湿地自然保护区湿地结构比例(%)			
		水域	沼泽	草甸	河漫滩
黄河源区湿地	71.56	32.53	38.75	28.53	0.17
上游湖库湿地	6.69	60.90	2.13	18.72	24.05
中下游河道湿地	14.09	47.99	7.03	3.07	38.62
河口三角洲湿地	7.65	8.22	33.61	18.60	39.57(滩涂)

5.4.4 湿地群落构成

黄河河流贯穿了黄河流域不同自然地带,形成了极为丰富的、上中下游异质的生境。这种条件对于湿地生物群落的性质、优势种和种群密度以及微生物的作用都产生了重大影响。在湿地生态系统长期的发展过程中,形成了黄河沿线各具特色的湿地生物群落,群落生物结构出现自上游至下游逐步递变趋势。以嵩草属和苔草属为代表的高寒沼泽植被和高寒草甸植被,是源区高寒湿地植被的独特类型;河漫滩湿地沿黄河分布,呈带状或线状,涉及黄河流域不同自然地带,生境类型复杂,湿地植被类型多样,主要包括沼生植被、盐生植被和农田、草地植被等;以芦苇、柽柳为代表的沼生植物和盐生植物是构成黄河河口三角洲湿地植被的主要建群种与优势种。

5.5 流域重要湿地景观横向异质性

湿地景观横向异质性集中表现在中下游河流(洪漫)湿地和河口三角洲湿地类型方面。

5.5.1 河流(洪漫)湿地

中下游河流(洪漫)湿地在自然因素包括水文、地形、地貌等和人类干扰如河道治理、水沙调控、堤防建设、土地开发等共同作用下,形成了河流水面、河心洲、牛轭湖、嫩滩、二滩、老滩、阶地等生境类型。随着水分条件的差异,沿黄河主河道向两侧,湿地植被类型由水生植被逐渐转变为湿生植被,再到旱生、盐生植被类型,以带状分布于黄河沿岸(见图5-6)。

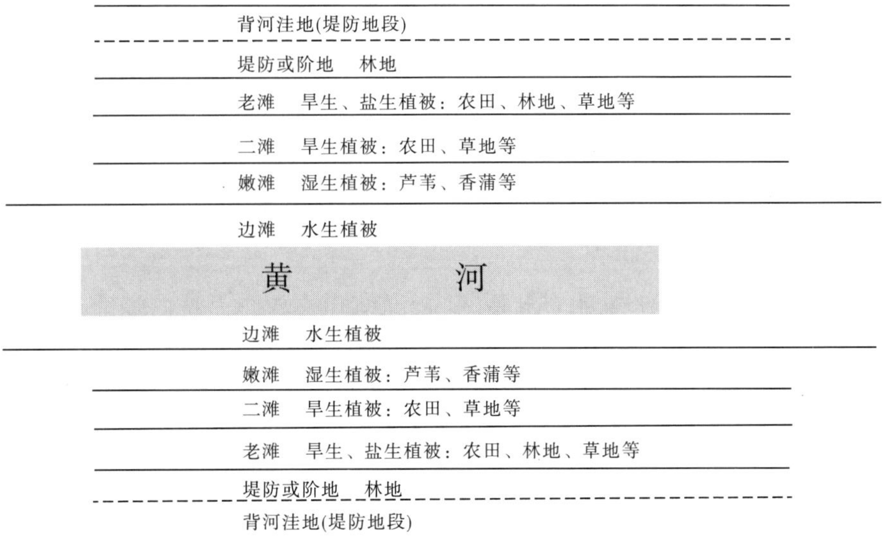

背河洼地(堤防地段)
堤防或阶地　林地
老滩　旱生、盐生植被：农田、林地、草地等
二滩　旱生植被：农田、草地等
嫩滩　湿生植被：芦苇、香蒲等
边滩　水生植被
黄　　　　河
边滩　水生植被
嫩滩　湿生植被：芦苇、香蒲等
二滩　旱生植被：农田、草地等
老滩　旱生、盐生植被：农田、林地、草地等
堤防或阶地　林地
背河洼地(堤防地段)

图5-6　中下游河道湿地景观横向演变

通常在嫩滩形成沼泽湿地景观,是珍稀水禽栖息、鱼类繁殖的重要场所;二滩形成季节性农田草地湿地景观;老滩以农田、林地景观为主。

5.5.2　河口三角洲湿地

河口三角洲湿地因受淡水、咸水的双重影响,以及地形、地貌、人为活动干扰等因素,湿地生态系统形成了沿黄河向两侧的横向梯度变化。在河流水面,首先出现水生植被,在河道两侧的低洼地上,长年或季节性有积水,土壤多发育为沼泽性盐土,适宜芦苇、荻的生长;在黄河的河滩地上,潜水埋深在2 m以下,土质肥沃,分布着天然柳林。在以黄河河道为轴的横向演替方向上,随着淡水资源的减少,自河床依次是水生植被、芦苇与荻群落、白茅等杂草群落、天然柽柳林群落、旱耕地,表现为从水生植被向中生植被直至旱生植被的横向演替序列(见图5-7)。

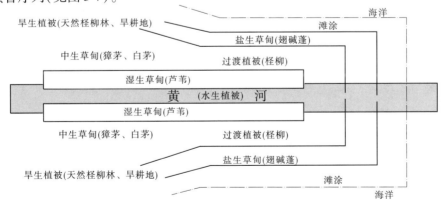

图5-7　黄河河口三角洲湿地景观横向演变

第6章　黄河流域湿地空间布局适宜性分析

6.1　流域湿地格局的水资源适宜性分析

黄河属资源性缺水的流域,水资源是流域生态尤其是湿地系统的基础条件和主要生态干扰要素。流域内水资源的空间布局对流域湿地景观的空间多样性、演替趋势产生了重要和直接的作用与影响。流域各水资源分区的水资源条件和开发利用状况对区内以水资源为主要支撑要素的流域湿地演替,起到了关键的支撑或干扰影响作用。

6.1.1　基于流域水资源分区的湿地景观空间格局

根据黄河水资源评价成果和2006年卫片解译资料,研究给出黄河流域各水资源分区基础水资源条件和区内湿地资源的基本情况分析(见表6-1、表6-2)。黄河流域湿地集中分布于龙羊峡以上分区,其占流域湿地总面积的42.8%,占水资源分区面积的8.14%,本区水资源量占34.39%,是黄河流域的主要产水区。河源区的河流、湖泊和沼泽湿地,在流域湿地结构和功能框架中,占据举足轻重的位置;龙羊峡—兰州河段占流域湿地总面积的15.2%,占水资源分区面积的4.26%,本区水资源量占21.87%,是黄河流域的又一产水区;兰州—河口镇河段,是黄河流域又一个湿地集中分区,占流域湿地总面积的15.8%,占水资源分区面积的2.44%,但本区水资源量仅占2.92%,地表水资源量极其贫乏;花园口以下湿地面积占流域湿地总面积的10.2%,集中分布于黄河三角洲地区。其他水资源分区湿地面积较少。

表 6-1　基于黄河流域各水资源分区的湿地空间分布(2006 年)

水资源分区	分区面积 (万 km²)	地表水资源量 (亿 m³)	湿地面积 (km²)	湿地面积占 分区面积 比例(%)	占流域湿地 总面积比例 (%)
D1 龙羊峡以上	13.134 0	208.8	10 767.4	8.14	42.8
D2 龙羊峡—兰州	9.109 0	132.8	3 814.8	4.26	15.2
D3 兰州—河口镇	16.364 4	17.7	3 980.4	2.44	15.8

水资源分区	分区面积（万 km²）	地表水资源量（亿 m³）	湿地面积（km²）	湿地面积占分区面积比例（%）	占流域湿地总面积比例（%）
D4 河口镇—龙门	11. 127 2	44. 1	639. 3	0. 57	2. 5
D5 龙门—三门峡	19. 110 8	123. 7	1 981. 7	1. 04	7. 9
D6 三门峡—花园口	4. 169 4	55. 1	1 017. 2	2. 44	4. 0
D7 花园口以下	2. 262 1	22. 5	2 566. 3	11. 34	10. 2
D8 内流区	4. 23	2. 62	367. 6	0. 87	1. 54

表 6-2　黄河流域各水资源分区的湿地类型结构（2006 年）

水资源分区	河流湿地		湖泊湿地		沼泽湿地		人工湿地	
	面积（km²）	比例（%）	面积（km²）	比例（%）	面积（km²）	比例（%）	面积（km²）	比例（%）
D1	3 139. 3	28. 0	1 660. 8	14. 8	6 406. 1	57. 1	19. 6	0. 2
D2	1 112. 3	28. 4	55. 0	1. 4	2 753. 2	70. 2	3. 0	0. 1
D3	2 353. 6	60. 8	503. 2	13. 0	857. 5	22. 1	158. 8	4. 1
D4	512. 6	76. 2	28. 6	4. 3	118. 2	17. 6	13. 4	2. 0
D5	1 189. 5	65. 1	157. 6	8. 6	235. 0	12. 9	244. 3	13. 4
D6	984. 9	87. 2	80. 8	7. 2	57. 3	5. 1	7. 0	0. 6
D7	1 425. 0	75. 7	201. 2	10. 7	112. 5	6. 0	116. 3	6. 2
D8	0. 0	0. 0	21. 1	5. 5	314. 4	81. 9	48. 6	12. 7

从以上分析可知,流域湿地的空间分布格局与区域的水资源条件关系密切。源区作为黄河的重要水源涵养地,源区湿地与区域河川径流量有密切的关系,源区水资源丰沛,位于源区 D1、D2 水资源分区的湿地面积占流域湿地基质面积的 58.0%,水资源的支撑和保障条件是该区湿地景观组分稳定的重要基础;而产水量仅占流域水量 2.92% 的 D3 水

资源分区,本区湿地水面面积较大,其耗水性湿地面积的比例却高达77.9%,区内水量少但耗水性湿地的比例却相对较大,水量和湿地面积占流域的比例相差5倍以上,湿地面积、系统功能及稳定性极易受到水资源要素的生态干扰影响;黄河中下游D6、D7水资源分区的湿地面积比例为14.2%,低于区间流域产水32.9%的比例,考虑区内大多属于洪漫湿地的实际情况,再考虑在水资源优化配置过程的前提下,水资源的支撑条件相对可以满足湿地发育和演替的基本要求。从重点生态斑块的水资源支撑与干扰、湿地空间结构演替外力作用方面来看,黄河D3水资源分区的湿地结构和功能更易受到水资源短缺因素的生态干扰。

从重要湿地布局、流域水资源分区及利用条件的角度,分析黄河重要湿地水资源保障和生态干扰问题。从表6-3可以看出,流域重要湿地主要分布在水资源丰富的龙羊峡以上水资源分区,流域内除D3水资源分区的宁夏、内蒙古缺水区域有相对较多的耗水性湿地存在外,其他湿地资源大多在水资源条件相对优越的流域分区和黄河干流河段附近,这与流域湿地景观格局分布一致。

表6-3　黄河流域各水资源分区与流域重要湿地空间分布

流域水资源分区	面积（万 km²）	地表水资源量（亿 m³）	重要湿地自然保护区	重要湿地自然保护区面积（km²）
D1	13.134 0	208.8	青海三江源自然保护区（黄河源区部分）	9 098
			四川若尔盖湿地自然保护区	
			四川曼则唐湿地自然保护区	
			甘肃黄河首曲湿地自然保护区	
D2	9.109 0	132.8	甘肃黄河三峡湿地自然保护区	173
D3	16.364 4	17.7	宁夏沙湖湿地自然保护区	678
			内蒙古乌梁素海湿地自然保护区	
			宁夏青铜峡库区湿地自然保护区	
			内蒙古杭锦淖尔湿地自然保护区	
			内蒙古包头南海子湿地自然保护区	
D4	11.127 2	44.1	—	—
D5	19.110 8	123.7	山西运城湿地自然保护区	1 017
			陕西黄河湿地自然保护区	
			河南黄河湿地自然保护区（库区湿地）	
D6	4.169 4	55.1	河南黄河湿地自然保护区	548
			郑州黄河湿地自然保护区	
D7	2.262 1	22.5	开封柳园口湿地自然保护区	1 200
			新乡黄河湿地自然保护区	
			山东黄河三角洲湿地自然保护区	

6.1.2 基于流域水资源分区的湿地景观结构格局

研究景观空间异质性的方法较多,包括类型多样性分析、斑块多样性分析、格局多样性指数等。本研究采用遥感解译资料,以计算各水资源分区湿地类型多样性指数,揭示不同水资源分区基础上湿地布局的空间异质性。主要计算指标包括分区湿地的相对丰富度指数 R、相对均匀度指数 E 和相对优势度指数 RD。计算公式如下:

$$R = (T/T_{max}) \times 100\%$$

式中,R 为相对丰富度指数;T 为丰富度;T_{max} 为景观可能出现的最大丰富度。

$$E = (H/H_{max}) \times 100\%$$

式中,E 为相对均匀度指数;H 为修正了的 Simpson 指数;H_{max} 为景观可能出现的最大均匀度。

$$RD = 1 - (H/H_{max}) \times 100\%$$

式中,RD 为相对优势度指数;H 为 Shannon-Weaver 指数;H_{max} 为可能最大值。

研究得到主要水资源分区湿地景观类型多样性的分析结果(见表6-4)。

表6-4 主要水资源分区湿地景观类型多样性分析

流域水资源分区	$R(\%)$	$E(\%)$	$RD(\%)$	湿地类型景观多样性
D1	82.3	26	57	+ + +
D2	81.8	2	70	+ + +
D3	50.1	54	61	+
D4	42.4	24	76	+
D5	65.7	2	65	+ +
D6	70.5	8	87	+ +
D7	69.2	14		+ +

注:+ + + 表示丰富, + + 表示一般, + 表示较差。

从流域水资源分区湿地景观类型多样性上分析,可以看到黄河湿地的空间异质性与流域水资源条件有很强的相关性。从黄河系统层面和景观生态学的角度分析,黄河源区水资源条件最为优越,其维持湿地的水资源保障程度高且水资源的生态干扰小,湿地生物组分和景观结构及流域层面上的面积权重与功能效应高,生态异质性最为显著,类型丰富度和优势度指数较高,中下游沿河及河道类型的湿地生物类型丰富度尚可,但处于 D3 分区的湿地生态景观均匀性指数过高,说明系统稳定性差且易受到外界因素干扰。此结果也与该区域水资源短缺产生干扰和阈值效应结果相吻合。

6.2 流域湿地保护的水资源支撑条件

根据区域湿地生态系统的保护与区域水资源条件的密切关系,将黄河流域水资源分区图与黄河流域湿地资源分布图、重要湿地分布图叠加,得到黄河流域水资源分区与湿地布局关系(见表6-5、图6-1、图6-2)。在此基础上分析各分区的水资源支撑条件。

表 6-5　黄河分区域水资源条件

水资源分区	流域湿地资源						流域重要湿地		与黄河水力联系	湿地与水资源的生态学影响关系
	地表水资源量比例(%)	用水量比例(%)	降雨量(mm)	蒸发量(mm)	湿地占流域面积比例(%)	湿地水面面积比例(%)	湿地占流域重要湿地面积比例(%)	湿地水面面积比例(%)		
D1	34.39	0.44	478.3	790	42.8	43	71.56	32.53	补给黄河	湿地补水对本区水资源起支撑作用
D2	21.87	8.45	478.9	790	15.2	29.9	1.36	88.43	靠黄河水补给	水资源条件对湿地保护具有良好的支撑能力
D3	2.92	43.45	261.9	1 360	15.8	77.9	5.33	53.84	靠黄河农灌退水补给或靠黄河水漫滩和侧渗补给	本区水资源相当贫乏，用水量相对较大，水面蒸发大，资源量、湿地面积与生态用水矛盾突出，湿地保护的水资源条件很有限
D5	20.37	24.86	540.6	1 000	7.9	82.5	8.00	49.39	靠黄河水漫滩、侧渗补给	位于黄河中下游，人口密集，工农业发达，用水量大。湿地面积较大，为流域的第二个湿地集中分布区，生态用水与生活、生产用水矛盾突出，区域水资源条件对湿地保护支撑能力有限
D6	9.07	7.74	659.5	1 060	4.0	87.1	4.31			
D7	3.71	10.35	647.8	990	10.2	95	9.44	16.75	河口地区湿地直接引黄河水补给	本区尤其是黄河河口地区淡水资源贫乏，黄河来水持续减少，不能满足河口地区生活、生产、生态用水要求，淡水资源补给严重不足是河口区湿地保护的主要限制因子

注：D4 区无重要湿地自然保护区分布。

90

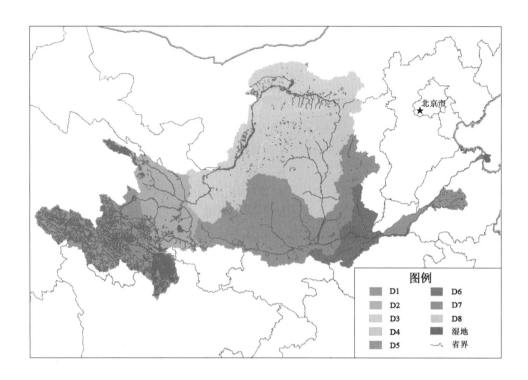

图 6-1　流域湿地资源与水资源分区空间关系图

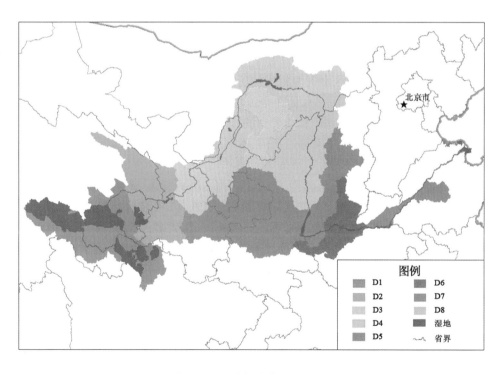

图 6-2　流域重要湿地与水资源分区空间关系图

基于水资源分区,分析区域水资源条件,包括地表水资源量、降雨量、蒸发量等(见表 6-5),结合湿地与黄河水力联系,考虑现有湿地规模与布局,评价区域水资源对湿地保护的支撑能力如下。

6.2.1 龙羊峡以上(D1)

龙羊峡以上水资源分区水资源丰富,地表水资源量占流域总量的 34.39%,是黄河径流的主要产地,用水量在全流域中最低,仅占流域总用水量的 0.44%。气温较低,多年平均水面蒸发量 790 mm,多年平均降雨量 478.3 mm,蒸发量与降雨量与流域其他区域相比较低。该区湿地资源丰富,河流密布,湖泊、沼泽众多,是流域湿地的第一集中分布区,湿地面积占流域总湿地面积的 42.8%,其中重要湿地面积占流域重要湿地总面积的71.56%,占有绝对优势。湿地景观中,水面面积比例相对较小,而具有重大水源涵养功能的沼泽湿地占有较大比重(59%)。本区湿地是黄河上游的重要涵养地,较大规模发育良好的湿地是本区水平衡的前提和基础,湿地补水对本区水资源起支撑作用。

6.2.2 龙羊峡—兰州(D2)

龙羊峡—兰州水资源分区内大部分地区植被较好,水资源丰富,地表水资源量占流域总量的 21.87%,为黄河径流的另一主要产地,蒸发量与降雨量均较低。本区是流域湿地资源的又一集中分布区,但与黄河水力具有紧密联系的重要湿地仅有一处,靠黄河径流补给,湿地面积占流域重要湿地总面积比例较小,湿地中水域面积较大。从总体上看,本区水资源条件对湿地保护具有良好的支撑能力。

6.2.3 兰州—河口镇(D3)

兰州—河口镇水资源分区水资源相当贫乏,是黄河流域最干旱的地区,地表水资源量仅占流域总量的 2.92%。但其用水量在全流域中最高,所占比例高达 43.45%。降雨量稀少,仅有 261.9 mm,是全流域降水量最少的地区;蒸发量大,为 1 360 mm,是全流域蒸发量最高的地区,蒸发量约是降雨量的 6 倍;本区水资源贫乏,农灌用水量较大,属于水资源现状超分配计划引用和使用区。

本区湿地资源占流域湿地总面积的 15.8%,区内重要湿地占流域重要湿地的5.33%,高于本区产水资源量所占的流域比例(2.92%)。从湿地类型上看,该区湿地以湖库明水面湿地为主,湿地组分中水面面积比例大,水面大多占 50% 以上,湿地水资源的蒸发消耗量大。本区湿地维持主要靠黄河干流、入黄支流及引黄灌溉退水补给,湿地保护的水资源条件较差。

6.2.4 龙门—三门峡、三门峡—花园口(D5、D6)

龙门—三门峡水资源分区地表水资源量占流域总量的 20.37%,本区自然条件相差悬殊,水土资源及矿产资源分布不均。区内有西安、太原、宝鸡、咸阳等大中城市及一些工矿区,以煤炭、电力、有色金属为主,是流域工业最发达地区,用水量较大,占流域总用水量的 24.86%,高于水资源量所占比例;三门峡—花园口地表水资源量占流域的 9.07%。用水量占流域的 7.74% ,略小于水资源量所占比例。

以上两区是中下游河道湿地的集中分布区,重要湿地面积分别占流域重要湿地面积的 8.00% 、4.31% ,湿地水面面积比例较大(接近 50%),蒸发损失量大。区域湿地水源补给主要靠黄河水漫滩和侧渗。

综合以上因素,以上两区具有相对丰富的水资源,但由于以上两区位于黄河中下游,人口密集,区域工农业较发达,生产、生活用水量大。该区域湿地面积较大,为流域的第三个湿地集中分布区,湿地水面蒸发耗水量大,生态用水与生产、生活用水矛盾突出,区域水资源条件对湿地保护支撑能力有限。

6.2.5 花园口以下(D7)

花园口以下水资源分区地表水资源贫乏,地表水资源量占流域的 3.71% ,用水量占流域的 10.35% ,远高于水资源量所占比例。多年平均降雨量 647.8 mm,多年平均水面蒸发量 990 mm。重要湿地面积占流域的 10.2% ,本区湿地集中分布于黄河三角洲地区,主要靠黄河为其补给淡水。

本区尤其是黄河河口区淡水资源贫乏,以油田开发为主的工业发展和河口区农业综合开发对水的需求越来越大,黄河水资源已成为该地区经济发展不可缺少的重要条件,甚至是决定性因素。但黄河来水持续减少,不能很好地满足河口地区生活、生产、生态用水要求,淡水资源补给不足已成为河口区湿地保护的主要限制因子。

6.3 流域湿地空间适宜性分析

由于黄河流域地形梯度、水文条件、地貌类型等差异,黄河流域湿地表现为纵向、横向、景观内部等空间异质性。流域湿地景观异质性是形成不同景观结构和功能的基础,直接影响到资源的分配、干扰的传播以及景观的稳定性和多样性,对流域湿地景观整体功能及生态过程有着重要的控制作用。

黄河流域湿地景观空间异质性是河流水系统长期与周围地质、地貌格局、生态环境、人类活动等相互作用在空间分配的结果,景观结构是一种开放型的耗散结构系统,内部各湿地子系统间相互协同配合,同时系统内外进行大量的物质交换,具有很强的协同力,形成了一个完整的耗散型生态巨系统。各湿地景观在流域中作为整体系统而存在并发挥整体功能,具有一定的空间适宜性。主要表现在以下几个方面。

6.3.1 以景观空间模式进行分析

流域湿地斑块、河流生态廊道、草地耕地和未利用土地形成的流域基质,构建了流域河流景观生态的体系构架。不同类型和特征的湿地缀块在黄河流域水系的连通下,形成了流域的空间景观格局。湿地缀块对于流域湿地景观格局的结构特征和生态功能具有基础性质,通过河流廊道的生态连通,产生了流域湿地生态系统的物质流、能量流、信息流,完成了河流复合生态系统生命载体发育和演替的过程。

6.3.2　以景观空间结构进行分析

黄河流域地貌类型千差万别,地理环境复杂,气候条件多样,根据《湿地公约》对湿地类型的划分,黄河流域分布有 18 种自然湿地、7 种人工湿地,湿地景观多样性丰富。景观多样性是流域生物多样性的重要组成部分,保护景观多样性是保护物种多样性、遗传多样性的重要手段。作为大型河流的生态系统,景观和生境的多样性是物种和生态系统多样性目标实现并确保其健康发育与演替的基础。流域湿地作为河流最敏感的生态交错带,需要保持生物组分、群落结构、景观功能和生态结构的异质性水平,实现生态单元和系统的恢复稳定性与阻抗稳定性。河流多种湿地景观是河流物种多样性和遗传多样性保护的生存空间要求。满足与异质立地条件相适应的多种湿地景观共存生态景观要求,是河流复合生态系统健康演替和实现流域湿地景观生产力保护的需要。从流域层面上保护多种类型湿地生态系统的发展和协调,是保障景观功能正常发挥,并使景观稳定性达到一定水平的重要前提。

6.3.3　以景观结构的构成进行分析

在流域湿地规模上,黄河湿地的构成以具有重要生态功能的黄河源区湿地为主;在流域湿地类型上,以具有重要生态价值的水域湿地和沼泽湿地为主体;在分类上,自然湿地占绝对优势,约为 93%。黄河流域湿地的景观结构,决定了黄河湿地在涵养水源、保持物种多样性、拦截和过滤物质流、稳定毗邻生态系统及净化水质等方面的重要价值。实现流域湿地生态系统的稳定,是保证黄河河流生态系统健康的重要生态要求,对流域生态系统的良性维持具有重要的保障意义。

6.3.4　以景观空间配置进行分析

不同尺度的湿地缀块具有不同的生态功能,应该大小相间配置,以提高空间异质性。黄河源区湿地大缀块可以涵养水分,保护水资源,维持生物多样性;河口湿地大缀块为大型脊椎动物提供核心生境和避难所,为景观中的其他部分提供种源,并且具有一定的抗外界干扰与胁迫的恢复力和缓冲性;上游小型斑块可作为物种传播和濒危物种的定居地,特别为边缘的小型、稀有物种提供生境;中下游河道湿地有廊道的生态作用,可作为物质流、能量流、信息流的载体。

不同湿地斑块形状对于生物扩散和动物觅食以及物质与能量的流动等具有不同作用,一个能满足多种生态功能需要的斑块的理想形状应该包含一个较大的核心区和一些有导流作用及能与外界发生相互作用的边缘"触须"和"触角"。黄河流域形状各异的湿地斑块配置有利于物种保护,提高流域湿地生物多样性。黄河源区、河口湿地斑块呈圆形或方形,可以最大限度地减少边缘圈的面积,从而最大限度地提高核心区的面积比例,使外界的干扰尽可能地小,有利于湿地内物种的生存,但圆形的斑块不利于同外界交流;而中下游河道依黄河形态呈狭长带状分布,边缘带相对较宽,内部生境少,有利于边缘种的生存。

黄河流域湿地景观斑块空间配置合理,既有面积较大、形状呈圆形或矩形的斑块存在,能够保证流域湿地核心区的稳定和核心功能的正常发挥(涵养水源、保护生物多样性等);又具备较多的"触角"和边缘与基质以及其他缀块相连接,能够允许更多的物种共存,还有线性斑块发挥廊道连接各个缀块的功能,防止流域湿地生境"破碎化",有利于流域湿地生态系统稳定。

综合以上分析,目前黄河流域湿地景观模式稳定,景观类型丰富,景观功能多样,湿地斑块空间配置基本合理,黄河流域湿地空间布局基本适宜。但近年来流域上游部分区域大规模人工湿地的恢复或重建正在一定程度上影响着流域湿地的空间布局。此外,由于黄河水资源的短缺加剧以及人类的开发破坏,部分湿地景观内部空间异质性变得越来越差,湿地整体生态质量不断下降。

第7章 黄河主要典型湿地生态功能及水资源需求研究

7.1 黄河源区湿地生态功能及其与黄河水资源响应关系

7.1.1 源区湿地生态功能及保护目标

黄河源区湿地生态功能定位主要是涵养水源和生物多样性保护。

黄河源区湖泊、沼泽、草甸众多,雪山冰川广布,是世界上海拔最高、面积最大、湿地类型最丰富的地区之一,具有强大的水源涵养功能。青藏高原独特的地理环境和特殊的气候条件,发育了世界上独一无二的大面积高寒湿地、高寒草原等独特的生态系统,也孕育了独特的生物区系。黄河源区湿地在涵养水源、维持生物多样性、确保流域生态安全方面发挥着极其重要和不可替代的作用。

源区湿地是黄河的主要产水区,黄河总水量的38%来自于源区。正是众多湿地的水源涵养和孕育,形成了黄河源源不断和奔腾不息的江河之流;而广袤的草甸、灌木丛和湖泊水域,提供了保护性鸟类和兽类的景观多样性生境;作为黄河上游特有土著鱼类的产卵场、索饵场和越冬场,源区河段已被划定为黄河上游特有鱼类的国家级种质资源保护区。源区湿地在黄河流域乃至全国和世界生态系统中具有特殊的保护价值。

黄河源区目前共建立有青海三江源自然保护区、四川若尔盖湿地自然保护区、四川曼则唐湿地自然保护区、甘肃黄河首曲湿地自然保护区四个重要湿地类型自然保护区,以及黄河上游特有鱼类种质资源自然保护区。黄河源区属于候鸟的迁徙中转地和育幼地。众多的湖泊水面和沼泽湿地,成为游禽类水生鸟类的重要生境,而多种类型的湖泊、河流、草甸和灌丛湿地景观系统,则为涉禽等大型濒危鸟类构建了良好的迁徙和繁殖、育幼生境。黄河源区各自然保护区主要生态功能、主要保护目标等基本情况如表7-1所示。

表7-1 黄河源区各自然保护区主要生态功能、主要保护目标等基本情况

保护区名称	主要生态功能	主要保护目标	植被类型	主要生境类型
青海三江源自然保护区(黄河源区部分)	涵养水源、维持生物多样性、调节气候、保持水土等	河流、湖泊、沼泽、草甸等湿地生态系统,黑颈鹤、雪豹、藏羚、藏野驴等珍稀动物及栖息地	高寒草原植被、高寒草甸植被、高寒灌丛、高寒沼泽植被、水生植被、高山稀疏植被等	干支流附属湖泊、高寒沼泽、高寒草甸、高寒灌丛森林等

保护区名称	主要生态功能	主要保护目标	植被类型	主要生境类型
四川若尔盖湿地自然保护区	涵养水源、保护珍稀物种及栖息地、调节气候、保持水土等	高原泥炭沼泽湿地生态系统,黑颈鹤、白尾海雕、玉带海雕、胡兀鹫等多种国家级保护动物及栖息地	高寒沼泽植被、高寒草甸植被、水生植被、高山灌丛等	高寒泥炭沼泽、湖泊、河流、高寒草甸等
四川曼则唐湿地自然保护区	涵养水源、调节气候、保护生物多样性、维护区域生态系统稳定	高原湿地生态系统和黑颈鹤等珍稀野生动物	主要有高山草甸、亚高山草甸及沼泽草甸植被等	高寒沼泽、河流、草甸等
甘肃黄河首曲湿地自然保护区	涵养水源、调节气候、保护生物多样性等	高原湿地生态系统、保护动物栖息地	高寒草甸、高寒草原、高寒沼泽、高原灌丛、森林植被等	高寒沼泽、高寒草甸、湖泊、河流及滩地、高寒草原等

7.1.2 源区湿地变化与黄河水资源响应关系

黄河源区湿地具有巨大的涵养水源与调蓄水资源的作用,湿地规模、格局及其变化对区域水循环和水文过程具有重要影响。该区湿地面积萎缩和功能退化及所导致的水源涵养能力降低,将对流域水资源和生态安全产生十分不利的影响。探讨湿地生态系统与水文过程变化的互馈作用机制,分析湿地规模、功能变化对水资源的影响,是源区生态研究需重点关注的内容。

7.1.2.1 源区湿地变化情况

采用 1986 年、2006 年的遥感影像资料,解译分析黄河源区不同湿地类型及面积变化如表 7-2 所示。

表 7-2 黄河源区不同湿地类型及面积变化

年份	沼泽湿地		湖泊湿地		河流湿地		高山湿地		小计
	面积(万 hm²)	比例(%)	面积(万 hm²)	比例(%)	面积(万 hm²)	比例(%)	面积(万 hm²)	比例(%)	(万 hm²)
1986 年	89.11	68.56	15.82	12.17	22.67	17.44	2.36	1.82	129.96
2006 年	70.66	68.69	11.79	11.46	18.71	18.19	1.51	1.47	102.67
2006 年面积变化(万 hm²)	−18.45		−4.03		−3.96		−0.85		−27.28
2006 年变化比例(%)	−20.70		−25.47		−17.47		−36.02		−20.99

注:1. 表中"高山湿地"指高山草甸、高山苔原和融雪形成的暂时性水域。

2. 本表不包括源区湿地类型中的水库、拦河坝、堤坝形成的储水区等湿地。

从表 7-2 中可看出,1986～2006 年,源区湿地面积呈明显减少趋势,减少量达到 27.28 万 hm²,减少了约 20.99%,而其中的典型湿地如沼泽湿地减少最为明显。沼泽、湖泊、河流、高山湿地从 1986 年至 2006 年分别减少 18.45 万 hm²、4.03 万 hm²、3.96 万 hm²、0.85 万 hm²,减少比例分别为 20.70%、25.47%、17.47%、36.02%。

7.1.2.2 源区降水与产流量变化

影响黄河源区水资源(径流量)变化的主要因素有降水、气温以及下垫面条件,其中降水量变化是影响径流量的主要因素,其次气温升高致使源区冻土融化,蒸发量、下渗量增加的情况,在同等降水的情况下也会使径流量减少。本研究主要针对降水过程和总量相对变化不大的情境下源区产流量的减少变化情况进行分析。

源区相同降水条件下枯水期径流变化的情况,在一定程度上可以反映区域陆面产流能力状况的变化,而区域枯水期补给黄河水资源能力的大小,则可以说明其区域的水源涵养能力情况。研究利用 20 世纪 70 年代至 2005 年黄河唐乃亥水文站枯水期实测径流量与年降水量数据,比较黄河源区枯水期径流量与降水量的变化,以反映黄河源区降水、产流和湿地水源涵养能力的变化。资料显示,1986～2006 年,源区降水量基本上没有发生大的变化,年降水量在 500 mm 左右,而同时期径流量则呈下降趋势,全年径流量从 1986 年的 200 亿 m³ 减少到 2006 年的 143 亿 m³,枯水期径流量减少更为明显,从 1986 年的约 78 亿 m³ 减少到 2006 年的 69 亿 m³ 左右,减少约 13%。

7.1.2.3 湿地面积减少与黄河水资源关系

采用 1986～2000 年的遥感影像、各植被类型生物量、降水量、径流量和非汛期水量的分析资料,探讨黄河源区湿地面积减少对黄河水资源的影响,源区径流和湿地面积变化等见表 7-2 和表 7-3。

表 7-3 1986～2000 年黄河源区湿地面积功能及径流变化分析

分析内容	降水量	年径流	非汛期径流	湿地面积	草甸样方生物量	沼泽湿地面积
减少比例(%)	6.7	17.8	16.3	5.7	13.4	10.6

河源区湿地面积、功能尤其是湖泊沼泽湿地面积、功能,与源区的水源涵养能力存在着明显的正相关关系,其面积减少、湖泊沼泽的内流化及带来的生态功能退化是黄河源区径流量减少的重要原因之一。

1986～2006 年,源区降水量基本上没有发生大的变化,黄河区域在降水没有明显变化且冰川呈退缩状态的背景下,随着湿地面积减少和功能降低,源区枯水期的径流量呈明显减少的态势,源区非汛期径流量减少比例达到 16.3%。这反映了对径流形成具有重要作用的区域湿地系统严重退化对流域水文过程产生了较大影响,在一定程度上也反映了源区湿地水源涵养功能的退化。

黄河源区湿地生态保护,是流域生态保护的最重要内容,也是维持黄河健康和保证流域生态安全的水资源基础保障条件。

7.2 黄河上游湖泊水库湿地生态功能及水资源需求

7.2.1 上游湖库湿地生态功能及保护目标

上游湖库湿地位于中国西北内陆干旱区,该类型湿地在维持区域生物多样性、提供珍稀动物栖息地及调节区域小气候等方面发挥着重要作用。从地域和水资源条件分析,该区域降水稀少,地表水和地下水严重不足,区内湿地所依托的水资源支撑主要为黄河水。沿黄的湿地资源水源补给主要是引黄的农灌退水或直接引取黄河水。该区主要湿地耗水量大,是黄河中下游各主要用水目标间的竞争性用水对象。在国家生态功能区划中,属农产品提供生态服务区。

该区域重要湿地自然保护区主要有内蒙古乌梁素海湿地自然保护区、宁夏沙湖湿地自然保护区、宁夏青铜峡库区湿地自然保护区等。各自然保护区主要生态功能、主要保护目标等基本情况如表7-4所示。

表7-4 黄河上中游各湿地自然保护区主要生态功能、主要保护目标等基本情况

保护区名称	主要生态功能	主要保护目标	植被类型	主要生境类型
甘肃黄河三峡湿地自然保护区	保护生物多样性、维护区域生态平衡、调蓄洪水、社会经济服务功能	水库湿地生态系统、珍稀濒危鸟类及栖息地、黄河土著鱼类及栖息地	干旱草原类型	刘家峡水库水面、盐锅峡水库水面、沿岸浅滩、沼泽、支流河口
宁夏青铜峡库区湿地自然保护区	保护生物多样性、调节区域小气候、维护地区生态平衡、净化水质、调蓄洪水	水库及河流湿地生态系统、珍稀鸟类及栖息地、土著鱼类及栖息地	旱生荒漠植被	青铜峡水库、滩涂、库区鸟岛等
内蒙古乌梁素海湿地自然保护区	保护生物多样性、维持区域生态平衡、提供鸟类栖息地、净化水质等	湖泊湿地生态系统、珍稀水鸟及其栖息地、土著鱼类及栖息地	以水生、沼泽植被为主要类型,还有部分荒漠草地	乌梁素海水域、沿湖滩涂
宁夏沙湖湿地自然保护区	承接农灌退水、维护区域生态平衡、保护珍稀濒危动植物	湖泊湿地生态系统、干旱荒漠化区域内的自然湿地生态系统、沙漠生态系统及珍稀濒危动植物	沙生自然植被和原生湿地植被	沙湖水面、沼泽、固定半固定沙丘、农田

7.2.2 乌梁素海湿地水资源需求分析

本研究选取河套灌区的乌梁素海为分析对象,分析区内湿地维持的水资源需求。

7.2.2.1　乌梁素海基本情况

乌梁素海湖泊南北长 35 ~ 40 km,东西宽 5 ~ 10 km。2007 年调查其现状面积 293 km^2,湖面高程控制在 1 018.5 m,库容量为 2.5 亿 ~ 3.0 亿 m^3。乌梁素海最大深度 3.9 m,大多数地方水体深度低于 1 m,80% 的水域深度为 0.8 m,明水面平均深度约为 1 m。

作为河套农业灌溉和排水系统的重要组成部分,乌梁素海是河套灌区农灌退水和区域工业与城市排污的主要承泄区,水污染、富营养化及其带来的芦苇扩张、湖泊沼泽化、水量短缺等是乌梁素海存在的主要生态环境问题。

7.2.2.2　乌梁素海湿地生态功能

乌梁素海是中国的第八大淡水湖泊和西北部最大的内陆湖泊,是西北干旱草原地区的重要生态系统,具有气候调节、鸟类栖息、排灌水调控以及旅游等多种功能。

位于半荒漠地带的乌梁素海地处西伯利亚候鸟迁徙路线上,区内有鸟类 209 种,其中国家一级保护鸟类 5 种,国家二级保护鸟类 25 种。由于区内水域宽浅、水生维管束植被茂密,适宜水禽类的生境要求。

7.2.2.3　乌梁素海水面与芦苇面积变化关系

通过遥感调查,结合现场采样点监测发现,湖区芦苇等水生和湿生植被主要分布在湖水深度 0.5 ~ 1.0 m 的区域,而湖水 0 ~ 0.5 m 深处和 1.0 ~ 1.5 m 深处以明水生境为主,其主要原因是水深 0.5 ~ 1.0 m 的区域是芦苇的适宜生长区域。

研究表明,芦苇斑块景观的空间布局,水深在 0 ~ 0.5 m 处分布 19%,0.5 ~ 1.0 m 处分布 35%,1.0 ~ 1.5 m 处分布 36%。

在卫星影像和实测数据的基础上,研究通过 0 ~ 1.5 m 的深度—面积平滑曲线和采样得到的深度分配芦苇的百分比,推算出乌梁素海不同水深下的芦苇面积和明水面面积之间的关系(见表 7-5)。

表 7-5　乌梁素海不同水深与相应的芦苇面积、明水面面积关系

水深(m)	明水面面积(km^2)	芦苇面积(km^2)	总面积(km^2)
0.0	167.640	146.000	313.640
0.5	122.547	119.000	241.547
1.0	117.991	67.000	185.991
1.5	23.056	0	23.056
2.0	6.114	0	6.114
2.5	1.566	0	1.566
3.0	0.025	0	0.025

7.2.2.4　维持乌梁素海水量平衡需水分析

乌梁素海的生态功能主要是提供珍稀水禽的栖息生境和土著鱼类繁殖生境。本研究依据天鹅等珍稀水禽生境保护所需主体景观格局要求,兼顾湖区产黏性鱼类资源产卵生境的水位阈值,根据湖区不同水深条件下的湖水水面和水生植被变化、水量分布情况,模

拟不同水深条件下的水禽适宜生境的水量需求,采用景观生态模拟技术,研究了代表鸟类天鹅等保护性游禽的生境格局和对水生植被、明水域的景观要求,以进行湿地需水计算。

7.2.2.5 维持湿地基本生态功能需水分析

根据研究所确定的湖区天鹅类水禽适宜生境所要求的水面、水生植被景观结构,研究给出湖区生态适宜水量需求。

(1)湿地植被需水量。植被需水量可以近似理解为植被蒸发和蒸腾需水量。以芦苇蒸腾系数和研究确定的 122 km² 适宜芦苇面积,计算湿地水生植被的蒸散和蒸腾量,平均为 2.68 亿 m³/a。

(2)湿地土壤需水量。在一定的时空尺度内,土壤层中的水量平衡方程是:

$$V = A + S - E - F - O$$

式中,A 为大气降水供给土壤或包气带的水量;S 为某时段 t 时的土壤含水量;E 为土壤蒸发量(包括植物蒸散量和潜水蒸发量);F 为土壤水分向下运动补给地下水的水量;O 为土壤中水平方向的出流水量。

计算得乌梁素海土壤需水量约为 2.20 亿 m³/a。

(3)生物栖息地需水。根据天鹅栖息地生境要求的水深模拟,计算得湖区水量需求 2.5 亿~3.0 亿 m³/a。

耦合以上三部分需水量,研究提出维持乌梁素海湿地基本生态功能的需水量为 4.88 亿 m³/a。在考虑乌梁素海现有补水条件和水量平衡计算前提下,乌梁素海尚需再补水 2.12 亿 m³/a。

7.2.2.6 区内湿地生态面积扩展和功能重建的可行性

根据乌梁素海湿地生境修复的需水计算,可以看出现状水资源条件并不能满足湿地代表性鸟类生境的生态需求,区域湿地功能维持的水量条件,已成为湿地维持和功能构建的最主要生态干扰因素。从流域水资源分区和区域水资源条件,以及区内超指标耗用黄河水的实际情况来看,该区域湿地资源面临进一步退化的风险。

国家生态功能区划中对内蒙古河套区域的生态定位主要是提供农产品服务,故此区域范围内的湿地面积,应根据省(区)配置的黄河水资源量进行"三生"(即生活、生产、生态)用水的优化配置,根据生态水配置的可能实施区域重要湿地的重点保护和适度生态修复,严控忽视水量的支撑基础而过度进行湿地规模扩张。

7.3 黄河河道湿地生态功能及水资源需求

7.3.1 上游河道、河漫滩湿地水资源需求分析

7.3.1.1 黄河内蒙古河段河道、河漫滩湿地生态功能及保护目标

黄河上游的河道、河漫滩湿地主要有内蒙古杭锦淖尔湿地自然保护区和内蒙古包头南海子湿地自然保护区(见表7-6)。

上游河道、河漫滩湿地位于黄河内蒙古三盛公—昭君坟河段,主要有内蒙古杭锦淖尔湿地自然保护区和内蒙古南海子湿地自然保护区,其中杭锦淖尔湿地自然保护区位于三

盛公—三湖河口河段,河势游荡;南海子湿地自然保护区位于三湖河口—昭君坟河段,河势呈过渡型。

表 7-6　黄河上游河道、河漫滩湿地主要生态功能、主要保护目标等基本情况

保护区名称	主要生态功能	主要保护目标	植被类型	主要生境类型
内蒙古杭锦淖尔湿地自然保护区	提供珍稀水禽栖息地、维持生物多样性、调节区域气候、滞蓄洪水等	河流、滩涂湿地,珍稀鸟类及其栖息地	沼泽植被、荒漠化草甸植被、盐化草甸植被、人工植被等	水域(黄河、人工干渠、河迹湖泊等)、滩涂、沼泽、草地、沙丘
内蒙古包头南海子湿地自然保护区	维持区域生态平衡、调节区域小气候、滞蓄洪水等	河流、滩涂湿地,珍稀鸟类及其栖息地	沼泽植被、草甸植被、灌丛植被等	水域(黄河、南海湖等)、沼泽(凌汛期过后留下浅水沼泽)、滩涂、草地等

杭锦淖尔湿地自然保护区位于鄂尔多斯市北部,保护区大体上可分为两部分,一部分为黄河滩涂湿地,形成缘于黄河河道变迁;另一部分是零星湖泊,为凌期和汛期过后形成。湿地水源补给主要靠黄河凌期、汛期洪水漫滩和黄河侧渗补给。

南海子湿地自然保护区位于包头市东河区南侧,南临黄河北岸,北部有黄河南移而形成的故道南海湖,湖面约 3.33 km²,因防洪堤坝的修建,现湖水仅依靠每年凌期从黄河人工抽水补充。湿地核心区在每年 3 月下旬至 4 月初的凌汛期间得到黄河水的补给,但持续时间短。

7.3.1.2　黄河内蒙古河段河道、河漫滩湿地需水分析

根据黄委相关研究资料,内蒙古黄河河段河道主槽的平滩流量为 2 000 ~ 2 500 m³/s。依据黄河三湖河口、头道拐断面资料,分析内蒙古杭锦淖尔湿地和南海子湿地的补水条件,考虑区间洪水的时空特性,进行凌汛洪水补给条件的分析。

1987 ~ 2006 年,三湖河口断面凌汛期开河最大流量波动为 782 ~ 2 190 m³/s,平均 1 280 m³/s,而头道拐断面 1960 ~ 1986 年凌汛期洪峰流量变化也不大,波动为 1 430 ~ 3 270 m³/s,1987 年以来,洪峰流量平均为 2 159 m³/s。

从维持和河道相连的漫滩湿地生境需求角度,洪漫湿地需有较大的洪水量级淹没,以实现湿地生态斑块和河流廊道间的生物连通,促进湿地的健康发育和生境良性演替。本研究对典型断面头道拐断面形态、平滩流量以及流量—水位关系进行分析。头道拐站 2003 年实测大断面图如图 7-1 所示,流量—水位关系曲线如图 7-2 所示。

南海子湿地平均高程为 1 001 m 左右,而杭锦淖尔湿地由于地跨黄河约 200 km,滩地高程变化较大。结合图 7-1 和图 7-2 分析,得到在水位为 990 m 时洪水会淹没湿地常态的水陆交互区域,洪水流量为 1 700 ~ 1 800 m³/s。研究以此提出该区间洪漫湿地良性发育的河道补水要求。

7.3.2　中下游河道、河漫滩湿地

黄河中下游平原河段,河宽流缓,泥沙淤积,又因主河道的游荡摆动及汛期洪水漫滩

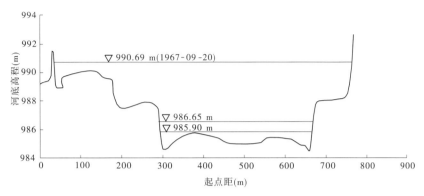

图 7-1 头道拐站 2003 年实测大断面图

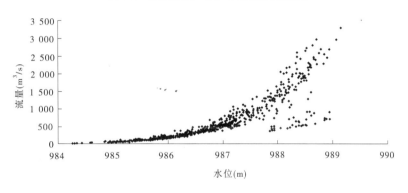

图 7-2 头道拐站流量—水位关系曲线

作用,形成特殊的黄河中下游洪漫湿地景观,而且在湿地斑块中有相当一部分为季节性湿地。典型自然保护区湿地主要有陕西黄河湿地、山西运城湿地、河南黄河湿地、河南新乡黄河湿地、河南郑州黄河湿地、河南开封柳园口湿地等。这些湿地在滞蓄洪水、调节径流、提供游禽鸟类栖息、改善区域气候和净化水体等方面起着重要的作用。黄河中下游各湿地自然保护区主要生态功能、主要保护目标等基本情况如表 7-7 所示。

表 7-7 黄河中下游各湿地自然保护区主要生态功能、主要保护目标等基本情况

保护区名称	主要生态功能	主要保护目标	植被类型	主要生境类型
陕西黄河湿地自然保护区	保护生物多样性、净化水质、滞蓄洪水、调节气候、旅游休闲等	河流及滩涂湿地生态系统、珍稀水禽及栖息地、土著鱼类及栖息地、粪泉、湿地景观资源等	水生植被、沼生植被、沙生植被、盐生植被、农田植被、防护林和经济林	河流水面、河心洲、沼泽、滩涂、支流河口、粪泉、坑塘等
山西运城湿地自然保护区	保护生物多样性、净化水质、滞蓄洪水、调节气候等	河流及滩涂湿地生态系统、湖泊湿地生态系统、珍稀水禽及栖息地、土著鱼类及栖息地等	水生植被、沼生植被、沙生植被、盐生植被、农田植被、防护林和经济林	圣天湖、伍姓湖、三门峡水库等水域,河津连伯滩沼泽地、林地、农田草地、天然林

保护区名称	主要生态功能	主要保护目标	植被类型	主要生境类型
河南黄河湿地自然保护区	保护生物多样性、净化水质、滞蓄洪水、调节气候、旅游休闲等	河流及滩涂湿地生态系统、珍稀水禽及栖息地、土著鱼类及栖息地以及湿地景观和人文景观资源等	水生植被、沼生植被、沙生植被、盐生植被、农田植被、防护林和经济林	河流水面、沿岸滩涂、沼泽、库塘、农田草地林地、防护林等
河南新乡黄河湿地自然保护区	保护生物多样性、滞蓄洪水、净化水质等	河流及滩涂湿地生态系统、珍稀水禽及栖息地等	水生植被、沼生植被、沙生植被、农田植被、防护林和经济林等	河流水面、滩涂、沼泽、农田草地、防护林等
河南郑州黄河湿地自然保护区	保护生物多样性、滞蓄洪水、调节气候、旅游休闲等	河流及滩涂湿地生态系统、珍稀水禽及栖息地、土著鱼类及栖息地、自然景观等	水生植被、沼生植被、农田植被、防护林和经济林等	黄河水体及河漫滩、沼泽、人工林、灌丛、农田草地等
河南开封柳园口湿地自然保护区	保护生物多样性、滞蓄洪水、调节气候等	河流及滩涂湿地生态系统、珍稀水禽及栖息地	水生植被、沼生植被、农田植被、防护林等	黄河水体及河漫滩、沼泽、人工林、农田

7.3.2.1 中游小北干流河段湿地洪水漫滩分析

黄河小北干流河段河势游荡,主流经常摆动,根据对 2005 年汛后淤积断面的分析,小北干流河段的平滩流量大部分在 2 600 ~ 3 500 m³/s 范围,局部河段在 4 000 m³/s 左右。陕西黄河湿地自然保护区和山西运城湿地自然保护区分别分布在小北干流河段两侧。根据水文计算,陕西黄河湿地自然保护区河段的平滩流量为 2 400 ~ 3 500 m³/s,山西运城湿地自然保护区河段上段平滩流量为 3 500 ~ 4 000 m³/s,下段为 2 800 ~ 3 500 m³/s。

我们以潼关断面来分析中游小北干流湿地能够上滩的洪水水位和流量,潼关断面 2003 年实测大断面如图 7-3 所示,流量—水位关系曲线如图 7-4 所示。

在潼关断面水位达到 329 m 时,对应流量在 2 200 ~ 3 100 m³/s,考虑该河段自然保护区涉及河段较长,滩面高程落差较大,确定此河段漫滩洪水流量级为 2 200 ~ 3 000 m³/s。

7.3.2.2 三门峡库区湿地需水分析

黄河三门峡库区河段水文情势主要受制于水库运行方式,三门峡水库建成后,运行方式主要经历了"蓄水拦沙"运用期(1960 ~ 1962 年)、"滞洪排沙"运用期(1962 ~ 1973 年)和"蓄清排浑"控制运用期(1973 ~ 2002 年),多年来水库运行方式形成了库周水面及河岸边滩区湿地、浅水洼地等湿地景观。

近期,由于受潼关高程问题影响,黄委经论证提出了三门峡水库运行方式为汛期敞泄,非汛期最高水位 318 m 的运行方式。这种运行方式会使库水面减少,滩地减少,常年

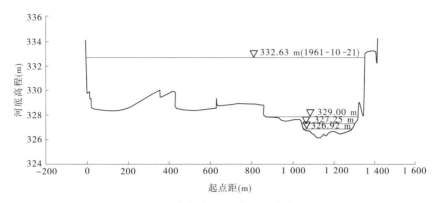

图 7-3 潼关站 2003 年实测大断面图

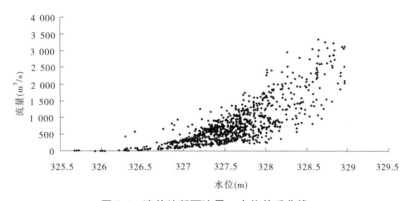

图 7-4 潼关站断面流量—水位关系曲线

老滩将会被当地农民开垦。鉴于在三门峡库区湿地受三门峡水库运行方式影响较大,本书不再作深入研究,建议在以后对三门峡水库运行方式和湿地响应关系开展专题研究。

7.3.2.3 下游河段湿地洪水漫滩分析

黄河下游漫滩湿地主要由黄河滩地和背河洼地组成,湿地的形成、变化是自然因素(水沙条件)与人类干预(河道治理、水沙调控、修筑生产堤等)共同作用的结果。在堤防等边界条件的约束下,黄河下游河道湿地呈带状分布于黄河两岸大堤的外侧,其中郑州—开封河段为集中分布区,是游禽类鸟类的良好栖息地。

与上游河漫滩湿地相比,河道湿地在提供珍稀水禽栖息及满足河道排洪、滞洪和滞沙要求的同时,还满足滩区群众的生产和生活用地需求。从生态系统稳定性分析,该区域湿地受人类干扰强烈,土地农业开发的态势强劲,鸟类生境处于极不稳定的干扰状况下。

本研究以花园口断面为对象,分析基于下游洪漫湿地保护基础上的黄河水量条件。花园口站 2003 年主槽示意图如图 7-5 所示,流量—水位关系曲线如图 7-6 所示。

黄河下游河槽是包括主槽和嫩滩的小型复式断面,主槽较浅,水流散乱,流量和水位之间没有很好的对应关系,有时候大流量平滩以后其水位反而较低。从图 7-6 可以分析,大概在水位为 92 m 时流量有可能直接补给到常态的水域和陆域生态交互区域,其流量在 2 000 m^3/s 以上。

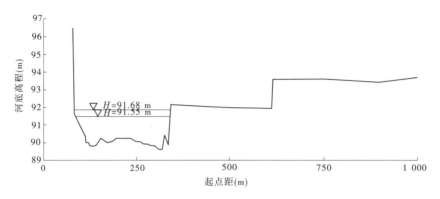

图 7-5 花园口站 2003 年主槽示意图

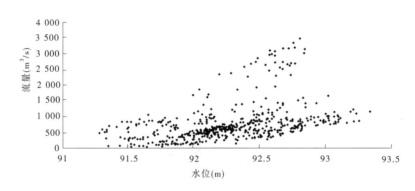

图 7-6 花园口站断面流量—水位关系曲线

7.3.2.4 维持湿地良好生态的洪漫频次分析

作为湿地系统发育和演替的核心支撑条件,水资源量和过程的保证是湿地系统生态平衡的重要条件。在定期或不定期的补水作用下,洪漫湿地植被的先锋植物如芦苇、水烛、水葱等群落发育丰富,湿生和水生景观结构多样性稳定,湿地系统呈正向演替趋势;而当出现较长时间干旱时,湿地则表现为旱生演替趋向,湿地物种多样性降低,生态系统稳定性及生态功能发挥将受到影响甚至破坏。以黄河下游河漫滩湿地为例,研究在生态学调查和植物生理需水分析基础上,给出湿地主要湿生植被芦苇和香蒲等,在不同水分条件下的植被演替规律及生境特点如表 7-8 所示。

表 7-8 黄河不同水分条件下植被演替规律及生境特点分析

地段类型	水分条件	植被演替规律	植物群落 多样性	鸟类 多样性
近河区域 （水生和 湿生植被）	年年漫水	藻类植物和较少的一年生草本植物	少	少
	2~3 年 漫水一次	首先为禾本科草本植物,然后出现低矮的挺水植物群落	多	多
	3~5 年 漫水一次	高草植物和中高的挺水植物群落	中	中

地段类型	水分条件	植被演替规律	植物群落多样性	鸟类多样性
湿地陆域边缘(灌丛区域)	5 年漫水一次	旱生植物群落为主	多	多
	5～10 年漫水一次	旱生植物群落,逐步出现灌丛群落	中	中
	10～20 年漫水一次	旱生植物群落,逐步出现杨柳类乔木植物群落	少	少
	农用地	人为干扰,稳定停留在某种农作物阶段	少	少

　　湿地周期性的水淹及其带来的湿地植被演替创造了多样的生境条件,为生物提供了不同的栖息环境,促进了物种多样性的保护。在满足河道防洪和滩区人居生活生产安全的前提下,改善黄河中下游河流、洪漫湿地生态补水状况具有重要意义。表 7-8 也给出了不同洪水漫滩频次所带来的生态效果,可为水资源调度管理者进行水量调度提供决策支持。从黄河洪漫湿地生态良好发育的角度考虑,每 2～3 年有一次小洪水漫滩,每 5～10 年有一次中等尺度的漫滩,能带来较为理想的生态效果。

第8章 黄河三角洲湿地生态功能及水资源需求研究

8.1 黄河三角洲湿地生态功能及保护对象

在黄河独特的水沙条件和渤海弱潮动力环境的共同作用下,黄河三角洲形成了我国暖温带最广阔、最完整的原生湿地生态系统。黄河三角洲湿地面积广阔,类型多样,既有淡水沼泽湿地、滩涂湿地、滨海湿地等自然湿地,也有人工湿地如水田、水库、沟渠、盐沼等。其中,淡水沼泽湿地是河口陆域、淡水水域和海洋的交互缓冲地区,是维持河口生态系统平衡和生物多样性保护的关键生态单元,具有十分重要和不可替代的生态价值与功能。黄河三角洲湿地是黄河三角洲最主要的生态系统类型,是维系河口生态系统发育和演替、构成河口生物多样性和生态完整性的重要基础生态体系,不但在调节气候、作为野生动物尤其是鸟类的栖息地、维持生物多样性和三角洲生态稳定方面发挥着重要作用,而且在蓄滞洪水、维持河流生态完整性等方面发挥着极其关键的作用。

为了加强黄河三角洲湿地的保护,东营市人民政府于 1990 年 12 月批准建立了黄河三角洲市级自然保护区,1991 年 11 月山东省人民政府批准建立东营黄河三角洲省级自然保护区。1992 年 10 月国务院批准建立山东黄河三角洲国家级自然保护区,包括黄河现行流路(南部)和黄河故道刁口河流路(北部)两部分,总面积为 153 000 hm²,其中核心区面积为 58 000 hm²,缓冲区面积为 13 000 hm²,实验区面积为 82 000 hm²(见图 8-1)。

黄河三角洲湿地作为东北亚内陆和环西太平洋鸟类迁徙的"中转站"、越冬地和繁殖地,已被列入世界及中国生物多样性保护和湿地保护名录,保护区在世界生物多样性保护中具有重要地位,也是实现可持续发展进程中关系国家和区域生态安全的战略资源。维护河口三角洲的生态稳定,是实现黄河河流健康的重要标志之一。

黄河三角洲湿地主要保护对象是原生性湿地生态系统和以此为主要生境的珍稀鸟类。主要湿地生境类型有淡水水域、芦苇沼泽、芦苇草甸、翅碱蓬滩涂、裸滩涂等,主要植被类型有芦苇群落、柽柳群落、翅碱蓬群落、柽柳 – 翅碱蓬群落等。河口湿地保护区共有鸟类约 283 种,其中国家一级保护鸟类有丹顶鹤、白鹤、白头鹤、大鸨、东方白鹳、黑鹳、金雕、白尾海雕、中华秋沙鸭等 9 种,属国家二级保护的有灰鹤、大天鹅、鸳鸯等 41 种。同时,保护区浅海湿地也是许多咸淡水鱼类的栖息繁殖地,过河口洄游性鱼类有 27 种,如刀鲚、鲻鱼、梭鱼等。黄河三角洲在国家生态功能区划中,被划定为生物多样性保护生态功能区。

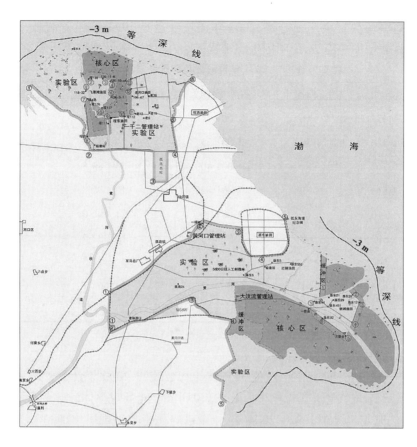

图 8-1　黄河三角洲自然保护区功能区划

8.2　黄河三角洲湿地景观格局变化特征

依托地理信息系统、遥感等技术,根据景观格局指数及生态意义,对黄河三角洲1993～2004 年湿地景观指数进行了计算(见表 8-1),并据此分析黄河三角洲湿地景观格局变化特征和趋势。

8.2.1　湿地景观格局演变分析

8.2.1.1　湿地景观斑块动态分析

(1)三角洲湿地面积总体上略呈减少趋势,但变化不大,主要原因是随着黄河来水来沙的逐年减少,黄河促淤造陆趋势减弱,淤积和蚀退状态发生了改变,加之人为干扰影响,在自然湿地减少和人工湿地增加的复合原因影响下,区域湿地总体面积呈减小的态势。

(2)1996～1998 年,湿地面积呈显著萎缩趋势,其原因与黄河来水量减少和湿地人为干扰的景观破碎化有关。1999 年后自然湿地面积小幅度增加主要是区域降水影响所致,而近年来在保护区重要湿地面积增加的前提下,区域湿地总量却呈减少的趋势,主要是湿地土地类型被改变所致。

（3）湿地斑块数量呈增加趋势,2004 年斑块数量是 1993 年的 2 倍多,尤其 1998～2004 年,呈显著增加的趋势,说明因生态干扰影响,湿地生态景观破碎化现象加快。

表 8-1　1993～2004 年黄河三角洲湿地景观动态变化

年份	面积（km²）	斑块数（个）	破碎化指数	斑块平均面积（km²/个）	形状指数
1993	1 557.26	66	0.001 41	23.594 8	4.02
1994	1 426.36	58	0.001 35	24.592 5	3.58
1996	1 712.86	72	0.001 40	23.789 8	4.21
1997	1 519.59	83	0.001 82	18.308 3	3.97
1998	1 410.24	65	0.001 53	21.696 0	3.69
1999	1 503.09	98	0.002 18	15.337 7	4.57
2000	1 506.29	132	0.002 92	11.411 3	5.34
2001	1 407.76	96	0.002 23	14.664 1	5.42
2004	1 523.75	134	0.002 90	11.371 3	5.06

注：缺 1995 年、2002 年、2003 年数据。

8.2.1.2　湿地景观破碎程度分析

由表 8-1 可知,黄河三角洲湿地景观破碎化指数较低,2000 年景观破碎化指数最大仅为 0.002 92,远远低于完全破碎化指数 1。这说明该湿地景观整体破碎化水平较低,保持着一定的自然原貌。但在 1993～2004 年,景观破碎化指数呈现出增加趋势,2004 年其值比 1993 年增加 1 倍左右,而平均斑块面积则呈减少趋势。这表明黄河三角洲湿地景观虽然保持着一定的自然状态,但随着干扰强度和频率的加大,湿地景观破碎化程度在加深。

8.2.1.3　湿地景观形状指数变化分析

景观斑块形状指数整体上呈增加趋势,各年斑块形状指数均大于 1,湿地景观斑块形状与正方形（圆形）相差较大。其中 1993～1998 年斑块形状指数基本上保持在 4 左右,变化不明显;1999～2004 年斑块形状指数明显增加,上升到 5 左右。这表明黄河三角洲湿地在发生破碎化的同时,其形状也发生了很大变化,边界趋向复杂,斑块形状趋向不规则,面积有效性逐渐减少。

8.2.2　各湿地类型景观指数变化分析

以下重点分析对黄河三角洲湿地生态系统平衡具有重要意义的湿地类型,各湿地景观指数计算结果如表 8-2 所示。

8.2.2.1　各景观类型面积变化

1993～2004 年,滩涂湿地总体上呈减少趋势,其中高潮滩变化幅度较大;盐碱滩呈增加趋势,在 1996 年达到极大值 443.56 km²,这使得河口湿地总面积在 1996 年达到最大值;芦苇湿地面积略呈减少趋势,但整体上未表现出明显萎缩的趋势;河流湿地斑块总体上呈减少趋势,河滩湿地与河流湿地变化趋势相反,呈增加趋势,两者之间的相互转化表现出了影像采集时河床中地表径流量的大小;灌丛呈明显增加趋势;水库湿地呈明显增加

表8-2 1993~2004年黄河三角洲单一湿地景观指数

	景观指数	1993年	1994年	1996年	1997年	1998年	1999年	2000年	2001年	2004年
滩涂	面积	670.22	644.83	493.31	666.17	603.75	523.15	284.02	255.31	230.10
	遥感斑块数	12	11	11	16	12	30	28	18	23
盐碱滩	面积	118.56	28.86	443.56	17.73	36.45	68.41	349.94	284.25	240.96
	遥感斑块数	9	3	5	3	2	9	17	5	13
芦苇	面积	269.82	254.98	258.90	322.23	255.29	234.98	290.78	242.35	248.34
	遥感斑块数	5	6	10	16	10	9	31	17	31
	形状指数	3.84	3.96	4.34	4.75	4.51	3.85	5.94	4.83	5.46
	破碎化指数	0.000 2	0.001 8	0.136 0	0.263 5	0.162 9	0.139 0	0.194 7	0.182 6	0.175 1
	平均斑块面积	53.96	42.50	25.89	20.14	25.53	26.11	9.38	12.25	8.01
河流	面积	46.10	47.44	44.78	41.59	43.59	36.79	44.42	42.23	28.82
	形状指数	5.62	5.48	6.19	6.78	6.55	7.38	6.45	6.66	7.91
河滩	面积	244.86	245.76	275.68	253.50	276.68	378.08	279.80	367.6	292.40
	形状指数	2.69	2.68	2.49	2.88	2.49	2.76	2.94	2.77	3.19
	平均斑块面积	122.43	122.88	137.84	126.75	138.34	189.04	139.90	183.80	146.20
灌丛	面积	28.39	28.39	25.65	35.50	18.97	64.05	52.16	35.50	130.70
	遥感斑块数	3	3	3	4	3	5	5	3	4
	形状指数	1.80	1.80	1.92	2.17	1.78	3.30	3.24	2.36	2.48
	平均斑块面积	9.46	9.46	8.55	8.88	6.32	12.81	10.43	11.83	32.68
水域	面积	23.74	25.15	23.98	23.10	23.98	23.65	23.78	28.48	28.48
	遥感斑块数	6	6	6	6	6	5	4	5	5
	形状指数	7.20	7.37	7.21	7.09	7.21	7.10	6.94	7.70	7.70
水库	面积	22.35	22.35	22.21	26.75	25.56	33.28	41.20	65.89	69.74
	遥感斑块数	12	12	12	19	16	23	30	29	33
	形状指数	3.02	3.02	3.00	3.93	3.47	4.37	5.44	4.60	5.07
	破碎化指数	0.008 2	0.009 2	0.011 6	0.016 3	0.016 6	0.020 5	0.039 1	0.066 0	0.064 9
水田	面积	53.14	52.50	54.19	53.16	47.78	46.21	33.49	33.49	46.21
	遥感斑块数	5	4	6	5	6	4	8	8	5
	形状指数	2.02	1.92	2.21	2.07	1.65	1.45	2.95	2.95	1.45
人工盐沼	面积	80.07	76.10	70.60	79.86	78.18	96.48	106.88	52.71	208.01
	遥感斑块数	11	9	16	11	10	10	9	8	18
	形状指数	3.20	2.85	4.34	3.15	3.04	3.60	3.13	2.52	4.39

注:面积单位为 km²,斑块数单位为个。缺1995年、2002年、2003年数据。

趋势,水田湿地受黄河来水减少的影响,总体上呈减少趋势,但近几年(2001~2004年)呈明显增加趋势;人工盐沼在近几年间呈持续增长的趋势,2001~2004年增长4倍多。

从各景观类型变化分析可知,虽然黄河三角洲湿地总面积变化不大,但受人类活动的干扰,湿地结构、湿地质量发生了较大改变。自然湿地面积不断减少,人工湿地面积日益增加(见图8-2);在自然湿地中,盐碱滩面积增加迅速,具有丰富生物多样性的滩涂面积急剧下降,芦苇湿地整体上也呈减少趋势,说明湿地总体质量在下降。

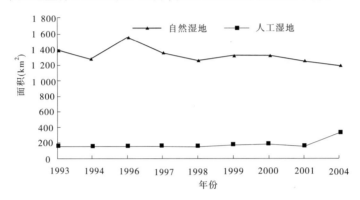

注:缺1995年、2002年、2003年数据

图8-2　1993~2004年黄河三角洲湿地结构变化

8.2.2.2　芦苇湿地景观演变分析

1993~2004年,芦苇湿地景观面积呈减少趋势,与20世纪80年代相比,芦苇湿地退化趋势明显;芦苇湿地斑块数量增加明显,2004年比1993年增加了6倍多,表明由于受人类活动和黄河水资源短缺的影响,芦苇湿地景观破碎化程度在不断加剧,斑块数量急剧增加,芦苇湿地平均斑块的面积显著减小(见图8-3),1993年芦苇平均斑块面积53.96 km^2,2004年下降为8.01 km^2,仅为1993年的14.8%,表明受自然因素和人类活动影响,湿地核心生态植被的平均斑块面积急剧下降,破碎化程度呈加深趋势,河口芦苇湿地的初级生产力水平下降,其物种保护、涵养水源等方面的功能有所降低;芦苇湿地景观破碎化指数呈显著上升趋势,1997年达最大值0.263 5,随后略有下降,但黄河口芦苇等水生和

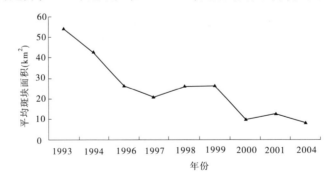

注:缺1995年、2002年、2003年数据

图8-3　1993~2004年河口芦苇湿地平均斑块面积变化

湿生植被斑块相对流域其他湿地斑块,仍然保持相对较高的生态学水平。

8.2.2.3　水库湿地景观变化

1993～2004年,水库湿地面积呈明显增加趋势,2004年是1993年的3倍多,同时,水库斑块数也呈增加趋势;水库景观破碎化指数大都低于芦苇景观破碎化指数,但变化趋势与芦苇相似,呈逐年增加趋势。从空间格局上看,水库斑块与芦苇斑块联系紧密,形成斑块镶嵌格局,这与河口芦苇植被的空间布局和水资源需求条件相一致。河口水域景观破碎化指数增大在一定程度上加深了芦苇湿地的破碎化程度。

8.2.2.4　湿地景观变化结论

黄河三角洲湿地总面积变化不大,但受人类活动的干扰,湿地结构发生了较大改变,自然湿地面积不断减少,人工湿地面积日益增加,湿地总体质量在下降。

无论从整体上,还是就各湿地来说,黄河三角洲湿地景观的破碎化水平都较低,湿地还保持着一定的自然原貌,但随着干扰强度和频率的不断加大,湿地斑块数量急剧增加,平均斑块面积减少,景观破碎化指数呈显著增加趋势,湿地破碎化程度在不断加深,湿地生态价值和生态功能在不断下降。黄河三角洲湿地在发生破碎化的同时,其形状也发生了很大变化,边界趋向复杂,斑块形状趋向不规则,面积有效性趋于变小,不利于物种保护。

研究时段的芦苇湿地在总体上未呈现明显萎缩趋势,但与20世纪80年代相比,芦苇湿地退化趋势明显。受自然因素和人类活动的影响,芦苇湿地斑块数明显增加,平均斑块面积急剧下降,破碎化程度在加深,芦苇湿地在物种保护、涵养水源等方面的功能降低。

8.3　黄河三角洲湿地水文特征

8.3.1　湿地水资源状况

水是湿地水文生态系统中最重要的生态因子,黄河三角洲属暖温带半湿润半干旱大陆性季风气候,雨热同季,年平均降水量为537～630 mm。降水量年际变化较大,降水量年内季节分配不均,年内降水多集中在6～9月,占全年降水的74%左右。黄河三角洲蒸散量日变化范围基本为0～11 mm,不同月份,区域蒸散量变化幅度不同,其中每年的11月到次年的3月是蒸散量较低时期,月蒸散量为8～50 mm,且区域变化幅度较小;4～10月蒸散量较高,月蒸散量为50～120 mm。

黄河三角洲地区的水资源主要是地表径流和极少量的地下水资源,流经黄河三角洲的地表河流有黄河、小清河和支脉河,合计多年平均径流量为352亿 m³,其中黄河多年平均径流量为343亿 m³,是三角洲地区主要的客水资源。黄河三角洲地区浅层地下水主要是微咸水、咸水和卤水等。地下水普遍埋藏较浅,为0～5 m。浅层地下水矿化度为5～20 g/L,地下水矿化度由南向北、由西向东逐渐递增,该地区平均地下水资源量为4 627.28万 m³,多年平均深层地下水资源量为1 219.96万 m³。浅层地下水主要靠大气降水补给,浅层淡水资源主要分布在小清河以南广饶县,其余地区均属咸水区,深层地下水含有毒物质,不宜开采。目前,黄河水是河口三角洲地区重要的淡水资源,三角洲地区工农业生产和人民生活用水90%以上来自黄河。

8.3.2　湿地水循环

黄河三角洲现行河道和黄河故道、河口两侧的淡水湿地水面,主要是由于降水和黄河漫滩、侧渗补给形成和支撑的。黄河故道虽然已经不行水,但黄河故道水库及河道中的水资源仍然引取黄河水,没有黄河和黄河故道的漫溢、侧渗补给,自然保护区的淡水水面就会萎缩,近年来,保护区淡水湿地面积减少的实例已经证明了这一点;三角洲保护区水面面积的减少,主要由水面蒸发和植物蒸腾所造成,在降雨季节也有向外漫溢的水量,但由于河堤、海堤和河间洼地地形的制约,一般降水年份的外溢量较少;保护区湿地水体与地下的交换是降水和渗漏,由于滨海地形比较低平,这部分交换量也比较小。

8.3.3　黄河三角洲湿地水文影响过程

地表水淹没状况、地下水埋深、矿化度和土壤的盐化程度是影响黄河三角洲湿地生态系统演替的主要因素。咸、淡水的比例决定了土壤的盐渍化程度和地表基质的状况,影响着植被的生长、发育状况和生态景观格局的变化,是黄河三角洲湿地生态系统类型演替的最直接动力,其影响过程如图8-4所示。咸水的输水动力主要来源于渤海近海潮汐,淡水的输水动力主要来源于黄河。

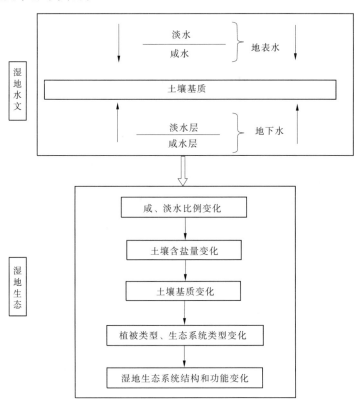

图8-4　黄河三角洲湿地水文影响过程

8.3.4 黄河水文泥沙变化与河口湿地的关联性

黄河三角洲是黄河挟带大量泥沙淤积而成的,黄河以"水少沙多"而闻名于世,据水文统计资料,黄河进入河口的年平均径流量为 460 亿 m^3,最大年输沙量达 21 亿 t,多年平均含沙量为 25.65 kg/m^3,10 多亿 t 泥沙中约有 1/3 被海流送往远海,其余 2/3 淤积在滨海海区和三角洲洲面上。大量的泥沙致使黄河尾闾遵循"淤积—延伸—抬高—摆动—改道"的规律进行演变,流路的不断变迁造就了扇形的三角洲。自 1855 年以来,黄河尾闾决口、改道 50 多次。此间,黄河尾闾河段始终处于冲淤交替、以淤为主的状态。在水沙、河道边界条件及海岸动力要素的综合作用下,三角洲海岸线年均向海推进 0.16 km。河口海岸线平均每年向海推进 1.8 km,平均每年形成 21.3 km^2 的新海涂。1855~1984 年,总造陆 2 535.15 km^2。黄河尾闾摆动形成三角洲中岗、平、洼相间的空间分布规律,发育不同类型的湿地。

20 世纪 80~90 年代,黄河来水骤减,泥沙在河道上淤积,送入河口的泥沙越来越少,海水蚀退陆地,黄河三角洲面积出现萎缩,在 1972~1998 年的 27 年里,有 21 个年份黄河下游出现断流,1997 年,黄河下游利津站断流时间长达 226 天,断流河段长度达 704 km。黄河断流不仅引发了河道萎缩、水生物减少、湿地减少等问题,还直接导致黄河造陆功能衰退,海岸线蚀退加快。据统计,1976~2000 年,整个黄河三角洲蚀退面积近 284 km^2。

1999 年,黄委对黄河水量统一调度后,至今黄河已连续 11 年不断流,据调查,目前受黄河断流破坏的 200 多 km^2 的河道湿地得到修复,加上沿黄各地对河道湿地的保护,黄河下游河道湿地已能够稳定发育。连续 9 年的调水调沙,增加了河口地区的入海水量,初步遏制了黄河三角洲湿地面积急剧萎缩的趋势。

2008 年,黄委提出将黄河水资源管理与调度的重点转向实现功能性不断流的要求,按照这一要求,2008 年首次将河口生态补水纳入全河水量统一调度,目前已连续实施了两次基于汛前调水调沙的黄河下游生态调度,共有计划地为河口三角洲湿地补水 2 864 万 m^3,湿地核心区水面面积增加 3 700 hm^2,湿地平均水深增加 0.4 m,淡水湿地地下水水位抬高了 0.15 m。生态调度的实施有效遏制了河口淡水湿地萎缩趋势,湿地及近海生态环境得到了明显改善。

8.4 黄河三角洲湿地植被特征及需水分析

8.4.1 黄河三角洲植被类型及植被演替

黄河三角洲地区植被可分为以下类型:落叶阔叶林,包括刺槐林、柳林;灌丛,包括杞柳和柽柳形成的天然灌丛或灌草丛;草甸,包括芦苇草甸、白茅草甸、獐茅草甸、盐地碱蓬草甸等;沼泽植被,以沼生植物占优势,分布于土壤过度潮湿或经常积水地段,沼生植被主要为芦苇,另外有香蒲沼泽和酸膜叶蓼沼泽;水生植被,在该地区的水库、河流、池塘等处均有分布。

根据对湿地植被演替影响因素和湿地植被生境分析,综合专家学者研究成果,黄河三角洲湿地植被演替可以简单概括为忍耐模型和促进模型相结合的演替途径,并形成两个演替系列(见图8-5):其一是盐生植被演替序列,其二是湿生植被演替序列。

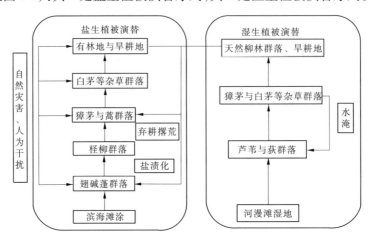

图8-5 黄河三角洲湿地植被演替系列

盐生植被演替系列是:自海域向内陆逐渐发育,依次为滨海滩涂、柽柳 – 翅碱蓬群落、獐茅与蒿群落、白茅等杂草群落、有林地与旱耕地;湿生植被演替序列以黄河河床为轴,自河床依次为河漫滩湿地、芦苇与荻群落、獐茅与白茅等杂草群落、天然柳林群落、旱耕地。这两个生态系列在时空上交错分布,在没有人类活动影响的条件下,其演替规律方向都是顺向演替。但人类活动的参与使得该地区的植被演替方向趋于复杂化,特别是人为的不合理干扰(如过度开垦、放牧)造成的植被逆向演替,打乱了自然状态下的植被演替规律。

影响现代黄河三角洲新生湿地植被演替的因素很多,其中包括黄河水沙资源、自然灾害和人类活动的影响:①黄河水沙资源是三角洲湿地植被顺向演替发展的根本动力,是形成和维持本区水资源的主导因素,黄河在湿地植被演替中起着主导作用;②海潮侵袭会导致湿地植被从普通草甸向盐生植被逆向演替,甚至可使植被类型发生跳跃性逆转;③随着对黄河三角洲经济开发的不断深入,人为因素,包括石油开采、不合理垦殖等对黄河三角洲湿地植被演替的影响作用越来越明显。

8.4.2 黄河三角洲典型植被需水分析

8.4.2.1 芦苇需水分析

芦苇群落的生态适应幅度极广,典型生境是长年积水的河滩、低洼地与黄河入海口的泥质冲积地带。芦苇较耐盐碱,在潮上带含盐量高达2%的地区仍然生长。影响芦苇生长的各个生态因子中,水是其主要的限制因子,对于其他因子的要求则不太严格。

芦苇对水分要求很高,但并非越多越好。建立合理的水层是稳定芦苇群落、恢复与开发芦苇资源的最佳途径和基础。国内外科研生产实践表明,芦苇在水流活跃、排水通畅、水深0.05~0.30 m处生长发育良好。若水量太少,或超过水层要求深度,芦苇群落将向羊草、小叶樟、碱蓬草甸或向水生(香蒲、水葱)植物群落演替。

在山东黄河三角洲国家级自然保护区,毕作霖利用高斯模型对芦苇种群与水深的响应关系进行了定量研究,得到了黄河三角洲湿地芦苇种群的水深生态幅。基于密度的芦苇水深生态幅为$[-0.64,1.01]$(m),最适生态幅为$[-0.23,0.60]$(m);基于盖度的芦苇水深生态幅为$[-0.95,1.23]$(m),最适生态幅为$[-0.41,0.69]$(m)。对以上两个生态幅取交集,最终确定芦苇的水深生态幅为$[-0.64,1.01]$(m),最适生态幅为$[-0.23,0.60]$(m)。结合国内外的研究结果,芦苇群落的适宜水深为0.05~0.60 m。

芦苇不但对水深有要求,根据其生长发育规律,所需水量也不同,在春季芦苇发芽前,应灌溉浅水0.05 m,加速土壤解冻,提高地温,促进芦苇发芽,当土壤解冻后需要排出水分,保持土壤湿润即可,当芦苇发芽和生长后,灌溉浅水0.05 m;5月中旬以后,芦苇进入生长盛期,生长速度加快,需水量增加,所以应采取深水灌溉,水层保持在0.30~1.01 m;8月中旬以后,芦苇进入生殖生长期,需水量降低,进行土壤排水,保持土壤湿润,促进芦苇成熟和秋芽发育。

8.4.2.2 翅碱蓬需水分析

碱蓬群落是淤泥质潮滩和重盐碱地的先锋植物,碱蓬性喜盐湿,要求土壤有较好的水分条件,生境一般比较低洼,地下水埋深一般为0.5~3.0 m或常有季节性积水,土壤多为滨海盐土。碱蓬生长发育受土壤盐分限制,土壤盐分一旦降低,该类植物就失去生长能力而死亡或被芦苇、柽柳等所取代。碱蓬群落总盖度因土壤含盐量和地下水埋深的变化而有很大差异,在滩涂和轻度盐渍土环境中常零星分布,群落盖度不足5%;而在盐分含量较高的环境中则常常形成碱蓬纯群落,盖度可达100%。

土壤盐分对翅碱蓬的生长发育起着重要作用,水分是决定翅碱蓬生长的又一重要因素,二者共同决定着翅碱蓬的生长变化。土壤水分不足,土壤盐分含量高是导致翅碱蓬死亡的主要原因。正常年份3月上中旬至6月上旬都可出苗,灌溉浅水0.05 m,加速土壤解冻,提高地温,促进翅碱蓬发芽;7~8月为花期,9~10月为结实期,生长较旺盛,需水量增加,水层保持在0.2~0.3 m;11月初种子完全成熟,仅需保持土壤湿润。

8.4.2.3 柽柳需水分析

柽柳具有耐旱、耐水湿(耐涝)、耐瘠薄、耐寒、耐盐碱等特性。柽柳群落主要分布在平均海水高潮线以上的近海滩涂上,地势平坦,土壤为淤泥质盐土,地下水埋深1.5~2.5 m,土壤含盐量0.25%~2.76%,是在盐地碱蓬基础上发展起来的植被类型,与碱蓬群落、芦苇群落呈复区分布或交错分布。

从柽柳的生态习性分析,柽柳对水分的要求不是十分严格,但要保持柽柳群落生长良好,仍然需要适当淡水补给,不需要淹水,淹水天数不能超过30 d。

8.4.2.4 杞柳需水分析

杞柳是黄河三角洲天然灌丛的主要群落,多分布于低洼湿草地和泥质、沙质滩地上,喜湿,要求水分充足。在黄河口新淤地上,杞柳是湿地成林的先锋树种,1~2年可发育成高度较高的原生植被。杞柳微耐盐性,在地下水埋深1.0~1.5 m、矿化度5~10 g/L的滨海潮盐土上,也可形成盖度较高群丛。

黄河三角洲典型植被生态需水规律如表8-3所示。

表 8-3　黄河三角洲典型植被生态需水规律

生境条件		芦苇沼泽	芦苇草甸	杞柳	翅碱蓬	柽柳	白茅
根深（m）		0.5 ~ 1.5	0.5 ~ 1.5	1.0 ~ 2.0	0.2 ~ 0.3	0.5 ~ 2.0	0.1 ~ 0.2
地下水位（m）	最小	—	0.1	0	0	0.5	0.1
	适宜	—	0.3 ~ 0.8	2.0 ~ 3.0	0.3 ~ 0.5	1.0 ~ 1.5	0.3 ~ 0.5
	最大	—	3.0	4.0 ~ 5.0	1.0	2.0	1.0
地表水深（m）	最小	0.1	0	0	0	—	0
	适宜	0.6	0.1	0.01	0.05 ~ 0.10	0.01	0
	最大	2.0	0.3	1.5	0.3	0.5	0.5
淹没天数（d）	适宜	365	60	60	1	3	0
	最大	365	90	365	2	30	10
需水时间		4 ~ 6 月为植物发芽期，7 ~ 10 月为植物生长期					

8.5　黄河三角洲湿地指示鸟类生态特征及需水分析

8.5.1　黄河三角洲湿地鸟类生态分布

按照本地区鸟类不同植被类型中的种类和数量多少，划分以下 6 个分布区。

（1）农田苇沟区。本区为种植大豆、小麦、水稻的农田生境，周边有苇沟存在。鸟类群落有明显的季节性变化。大苇莺、黄斑苇鳽、黑水鸡鸟类群落在苇沟营巢繁殖，白翅浮鸥、家燕、普通燕鸻鸟类群落有效地控制着农田害虫。而在冬季鸭雁类、灰鹤、大鸨等则集中于该区，构成蔚为壮观的景象。冬季还有隼形目、鸻形目鸟类出现。春、秋季贮水旺季分布着泽鹬、金眶鸻、白腰杓鹬、凤头麦鸡等以鹬类为主的鸟类群落。

（2）林区。本区以大片人工刺槐林为主，有部分天然柳林。鸟类种类夏季以黑卷尾红尾伯劳、白头鹎为主，还有棕扇尾莺、大斑啄木鸟等。

（3）苇场草地区。黄河三角洲的苇场草地不仅面积大，生长旺盛，而且露天沼泽、苇塘、裸露地相间分布，人类活动难以深入，为鸟类的繁殖提供了很好的栖息环境。

（4）灌丛碱蓬区。本区有大量的柽柳灌丛，由于土壤严重盐碱化，其他植物难以生存，优势种为碱蓬、三棱草等，有少量芦苇分布。主要鸟类种群为泽鹬、环颈鸻、鹤鹬等中小型涉禽在此觅食。

（5）水域区。许多鱼虾池、沟溪、池塘、水库为鸥类和雁鸭类提供了良好的栖息生境。常见红嘴鸥、黑尾鸥、斑嘴鸥、绿头鸭类群，其数量较多。纵横交错的河流、面积广阔的水面、宽广的河漫滩，有环颈鸻、鸥类、青脚鹬、苍鹭类群在此觅食栖息。大天鹅、灰鹤冬季在此区栖息。

（6）碱蓬滩涂区。本区有大面积的滩涂，因有丰富的无脊椎动物，食物资源丰富，人类活动少,是破坏最小的自然湿地环境,成为鸟类宁静的栖息地,单位面积鸟类种群数量最多,常见上万只鹬鸻类、鸥类混群在此栖息。

8.5.2 黄河三角洲湿地指示鸟类生态习性及需水分析

根据自然保护区鸟类的保护级别、国际重要性,充分考虑物种的代表性,参考相关研究成果,选择丹顶鹤、黑嘴鸥、东方白鹳、大鸨、大天鹅等鸟类作为指示物种。

8.5.2.1 丹顶鹤(*Crus japonensis* Munther)

丹顶鹤是国家一级保护鸟类,在自然保护区分布较广,栖息于沼泽和浅水地带,主要分布在苇田、滩涂、麦田等处,营巢环境为芦苇沼泽(见表8-4)。主要食物有水生嫩草、大豆、小麦及软体动物、甲壳动物、鱼、虾类等。居留期长,每年秋末10月下旬至12月上旬,春季2月上旬至3月上旬数量较集中。

表8-4 丹顶鹤生境类型及水分条件要求

生境类型	觅食	繁殖	休息	生存	说明
林地	+ +		+ +		
未灌溉农田	+ + +		+ + +	+ + +	
芦苇沼泽	+ + +		+ + +	+ + +	
盐池	+ +		+ +	+ +	
滩涂	+ + +		+ + +	+ + +	
鱼塘	+ +		+ +	+ +	浅水区
水分条件要求	栖息于沼泽或浅水区,繁殖期筑巢于地势较高处,周围或附近有较深的水区或深沟,水量充足				

注:+ + +表示经常性利用;+ +表示有时利用;+表示偶尔利用;空白表示不利用。下同。

8.5.2.2 黑嘴鸥(*Larus ridibundus* Linnaeus)

黄河三角洲自然保护区是黑嘴鸥在世界上的三大繁殖地之一,黑嘴鸥广泛分布于自然保护区滩涂、盐池及沼泽、鱼塘附近(见表8-5),以鱼虾、甲壳类、水生昆虫为食,营巢于海河交汇处有开阔积水区的碱蓬滩涂。

表8-5 黑嘴鸥生境类型及水分条件要求

生境类型	觅食	繁殖	休息	生存	说明
盐池	+ +		+ +	+ +	
滩涂	+ + +	+ + +	+ + +	+ + +	长有翅碱蓬或芦苇
芦苇沼泽	+	+	+	+	在芦苇沼泽与滩涂交接处繁殖
翅碱蓬	+ + +	+ + +	+ + +	+ + +	植被盖度、高度不要太大
鱼塘	+ +		+ +	+ +	
水分条件要求	保证在繁殖期内繁殖地附近有充足的咸淡水资源,保持繁殖地大部分区域水位在0.10 m左右,在强降雨季节能够排出多余水				

8.5.2.3 东方白鹳(*Ciconia boyciana*)

东方白鹳是国家一级保护鸟类。东方白鹳的繁殖生境较为典型,一般是在有稀疏树木生长的沼泽地带,尤其集群地要求开阔而偏僻的水域沼泽环境(见表8-6)。主要觅食鱼类、蛙类、蜥蜴和昆虫,每年从10月上旬迁徙经过自然保护区,在此作短暂停留,至12月上旬,迁徙完毕;第二年3月中、下旬,又从南方向北迁徙,途经自然保护区补充营养,数日后,继续北迁。自2003年开始成为本地区的繁殖鸟,并且繁殖数量有逐年增大的趋势。

表8-6 东方白鹳生境类型及水分条件要求

生境类型	觅食	繁殖	休息	生存	说明
芦苇沼泽	+++	+++	+++	+++	繁殖期需要有高点(树木或电线杆等)
滩涂	+++		+++	+++	
鱼塘	+++		++	++	
沼泽	++		++	++	
河口	+++		+++	+++	
水分条件要求	冬春季芦苇沼泽湿地保持一定水位,并保证一定的高水位,为东方白鹳的繁殖创造良好的环境条件				

8.5.2.4 大鸨(*Otis tarda dybowskii* Taczanowski)

大鸨是国家一级保护鸟类,为自然保护区重要越冬鸟类之一。每年11月上旬陆续有大鸨迁至此地越冬,至次年4月下旬,迁回繁殖地繁殖。主要分布于一千二、黄河口、大汶河管理站农田和草场中(见表8-7)。主要食物为大豆、绿豆、嫩草、昆虫。

表8-7 大鸨生境类型及水分条件要求

生境类型	觅食	繁殖	休息	生存
未灌溉农田	++		++	++
灌溉农田	+++		+++	+++
柽柳	+		+	+
獐茅	++		++	++
白茅草地	++		++	++
水分条件要求	主要分布于农田、草地,控制一定水分			

8.5.2.5 大天鹅(*Cygnus cygnus* Linnaeus)

大天鹅是国家二级保护鸟类,为自然保护区重要越冬鸟类之一。每年11月中旬至4月中旬在自然保护区居留达5个月之久。主要栖息于黄河滩地、入海口沼泽及水域等地(见表8-8),以麦苗、鱼类和软体动物为食。

表 8-8 大天鹅生境类型及水分条件要求

生境类型	觅食	繁殖	休息	生存	说明
芦苇沼泽	+ + +		+ + +	+ + +	
滩涂	+		+	+	有积水
翅碱蓬	+		+	+	有积水
鱼塘	+		+	+	
河口	+ + +		+ + +	+ + +	
水库	+ + +		+ + +	+ + +	
水域	+ + +		+ + +	+ + +	
水分条件要求	要求有一定淡水水域面积,并保持一定的深度(水深 2～3 m),保证鱼类等动物性食物和水藻等植物的生长,为天鹅提供充足的食物来源。冬季要保持足够的水面,保持 2～3 m 的水位,水面附近 50 m 范围内保留一定面积的芦苇保护带				

根据对黄河三角洲指示鸟类生境类型及水分条件要求,参考相关研究成果,结合三角洲湿地自然保护区专家意见,明确黄河三角洲湿地指示鸟类需水规律(见表 8-9)。

表 8-9 黄河三角洲湿地指示鸟类需水规律

需水时段	平均需水水深(cm)	需水水深范围(cm)	需水原因
4～6 月	10	10～50	繁殖
7～10 月	50	20～80	鸟类生长、繁殖
11 月～次年 3 月	20	10～100(注:个别区域水深应达 1～2 m,以满足东方白鹳、大天鹅等鸟类越冬对栖息地的要求)	鸟类越冬

8.6 黄河三角洲湿地生态需水分析及评价

8.6.1 黄河三角洲湿地生态需水保护目标

根据 Ramsar 公约要求,"合理利用"湿地的一个重要方面就是保持湿地的主要生态特征,湿地合理保护目标的确定应该考虑生态的合理性、功能的完整性和湿地的适宜性。既要保护重要湿地,又要照顾到生态平衡,保护好典型湿地类型。

黄河三角洲自然保护区内有中国暖温带保存最完整、最广阔、最年轻的湿地生态系统,是维系河口生态系统发育和演替、构成河口生物多样性和生态完整性的重要基础生态体系。黄河三角洲自然保护区位于《全国生态功能区》的生物多样性保护生态功能区和生物多样性保护重要区湿地,是东北亚内陆和环西太平洋鸟类迁徙的"中转站"、越冬地和繁殖地,承担着 155 种中日和 53 种中澳国际间候鸟迁徙以及 9 种国家一级重点保护鸟类和 41 种国家二级重点保护鸟类的保育工作,其主体功能是保护生物多样性。因此,保护黄河三角洲自然保护区湿地资源、恢复和维持其提供生物多样性功能是黄河三角洲湿地的主要保护目标。

黄河三角洲自然保护区北部黄河刁口河故道区域和南部黄河现行流路区域湿地是一个有机整体，代表着自然保护区内湿地的不同演替阶段，具有不同的生境类型，共同维系着黄河三角洲较高的生物多样性、较为丰富的动植物资源。从其保护对象、生境类型、典型植被等方面分析，刁口河故道湿地是大鸨、天鹅等国家级保护野生动物的重要栖息地，是自然保护区生态完整性不可或缺的生态单元，其特有的动植物资源、多样的生态景观在维持自然保护区生态功能发挥及生态系统稳定方面起着十分关键的作用。两部分湿地在黄河三角洲作为整体系统而存在并发挥整体功能，均具有重要的保护价值，是生态需水的主要研究与保障对象。

黄河三角洲自然保护区湿地面积广阔，类型多样，既有自然湿地如淡水沼泽湿地、滩涂湿地、滨海湿地等，也有人工湿地如水田、水库、沟渠、盐沼等。其中淡水沼泽湿地是河口地区陆域、淡水水域和海洋生态单元的交互缓冲地区，与黄河水力联系密切，是维持河口生态系统平衡和生物多样性保护的生态关键要素，对维持河口地区水盐平衡，提供鸟类迁徙、繁殖和栖息生境，维持三角洲生态发育平衡等，具有十分重要和不可替代的生态价值与功能。但随着黄河水资源的逐年减少，淡水沼泽湿地面积呈逐年减少趋势，湿地质量不断下降，生态系统健康受到严重威胁，急需得到保护和恢复。所以，黄河三角洲自然保护区的淡水沼泽湿地是生态需水的重要保护目标。

8.6.2 黄河三角洲湿地生态需水保护规模

在水资源短缺及竞争性用水的今天，保护湿地需首先解决的一个重要问题是确定适宜的湿地规模和范围，在此基础上才能确定湿地的生态需水量及相应的湿地水资源配置方案、补水和排水工程规模和建设投资，以及与黄河流域水资源配置、黄河河口水利工程的协调性。

从自然保护区淡水湿地效益及功能发挥方面来说，湿地的规模越大则其生态环境效益越大。但水是湿地的主要影响因子，湿地的水文条件决定了湿地的规模、功能和效益，湿地保护规模越大，其所需补充的水资源量越大。目前，随着流域社会经济的快速发展，黄河水资源形势面临巨大挑战，水资源的开发利用程度已高达70%以上，实现三角洲淡水湿地较大规模的保护存在相当大的困难。因此，对于黄河三角洲自然保护区淡水湿地，应当有一个能够兼顾各方面因素的适宜湿地规模，研究认为，黄河三角洲湿地适宜规模需从以下几个方面考虑：①三角洲生态系统完整、健康、稳定的要求；②黄河水资源的支撑条件；③社会或人们的需求；④实现的可能性。

根据以上原则，综合生态需水保护目标，结合遥感调查结果，考虑到黄河三角洲自然保护区是国务院批准建立的国家级自然保护区，1992年自然保护区建立时，黄河三角洲湿地质量相对较好、生态功能处于良好状态、生态结构和景观格局基本适宜，湿地生态系统平衡。因此，在确定湿地保护规模时，以1992年自然保护区的淡水湿地面积作为湿地恢复规模的参考值，约320 km²。

在此基础上，考虑三角洲湿地动态变化和现状土地利用实际情况，结合自然保护区生态保护规划（2006年编制），在ArcGIS技术支持下分析了区域现状地形地貌及道路、堤坝建设对湿地补水的影响，以及工程措施实施的可行性，确定保护区236 km² 作为黄河三角洲陆域淡水湿地重点保护和修复的补水规模（见图8-6），主要为自然保护区内退化的芦苇湿地及部分滩涂湿地。

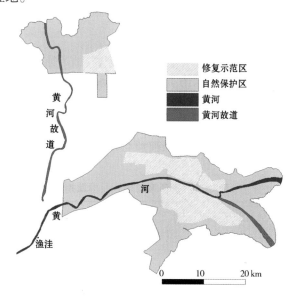

图8-6　黄河三角洲湿地补水范围示意图

8.6.3　黄河三角洲湿地生态补水预案

8.6.3.1　合理规模下湿地生态需水分析

湿地生态恢复补水主要考虑典型植被需水规律及代表性鸟类栖息繁殖的水量需求（见表8-3～表8-9）。研究利用Spot5高分辨率遥感影像提供的植被资料、地表反照率、地表覆盖度（或者叶面积指数）和地表温度地面观测与遥感数据，估算区域的蒸散量，在探讨淡水湿地主要植被（芦苇）及保护鸟类的需水特性、规律的研究基础上，采用地表能量平衡系统模型（SEBS）、地下水模型（MODFLOW）、地表水漫流水力学模型（SOBEK），综合确定湿地恢复适宜的补水量及补水水深范围。根据河口白鹳、丹顶鹤等涉禽和天鹅、黑嘴鸥等游禽的生境研究结果，研究给出河口湿地生态系统以主要水生和湿生植被为表征的湿地景观单元的季节性水深需求（见表8-10），作为湿地补水和区域地表与地下水水平衡模拟的输入参数。

表8-10　黄河三角洲湿地恢复水深需求

需水时段	平均需水水深（cm）	需水水深范围（cm）	需水原因
4～6月	30	10～50	芦苇发芽及生长期
7～10月	50	20～80	芦苇生长、鸟类栖息
11月～次年3月	20	10～20	鸟类栖息

8.6.3.2　湿地补水预案制定

影响黄河三角洲淡水湿地栖息地质量的因素很多,如淡水资源缺乏、景观破碎化、油田开发、农业垦殖等。本研究采用单目标变化影响和决策分析的方法,借助 MODFLOW 和 SOBEK - 2D 研究湿地地下水、地表水水文过程变化及可能产生的生态景观演变,采用 LEDESS 景观模型研究不同补水条件所产生的湿地栖息地质量变化效果,从而确定最适宜的生态环境需水量及过程。

研究根据黄河水文条件,考虑补水区下垫面地表、地下水和植被耗水的季节性需求,确定生态补水为 3 ~ 10 月,其中 7 ~ 10 月以自流引水为主,其他时段以提水与自流相结合引水。根据地表水模型、地下水模型、景观模型多次联合运用结果,考虑黄河水资源支撑条件和黄河河口区社会经济发展需求,结合专家及公众参与意见等,参考现状湿地恢复补水量,在对不同补水水深进行了生态效果模拟与评价基础上,提出了有代表性的生态补水预案(见表 8-11)。

表 8-11　各预案的规划目标及措施

补水预案	引水月份	湿地补水规模（hm²）	补水平均水深（cm）	湿地补水量（亿 m³/a）	说明
现状	6 ~ 7	4 800	30	1.57	仅实现现有流路湿地范围内湿生植被较良好生境的黄河补水措施
预案 A	3 ~ 10	23 600	15	2.78	实现保护区湿地范围内湿生植被生境维持的黄河补水措施
预案 B	3 ~ 10	23 600	30	3.49	实现保护区湿地范围内湿生植被较良好生境的黄河补水措施
预案 C	3 ~ 10	23 600	30 ~ 50	4.17	实现保护区湿地范围内水面和水生植被结构的充分黄河补水措施

8.6.4　黄河三角洲湿地生态效果评价

8.6.4.1　湿地生境结构变化

(1)实现现状年黄河现有流路附近湿地面积的黄河补水。2005 年,黄河三角洲自然保护区共有芦苇湿地面积 10 657 hm²(其中芦苇沼泽面积约为 5 604 hm²),比 1992 年自然保护区建立时芦苇湿地面积(约为 23 000 hm²)减少 50% 以上。补水模拟结果表明,维护现状年湿地结构、规模和功能,需补水 1.57 亿 m³/a。

(2)实施自然保护区现行流路和刁口河流路湿地范围内的黄河补水。在补水过程的水文模型和景观生态模型支持下,研究设定了实现保护区湿地范围内湿生植被生境维持、良好生境修复、水面及水生植被结构最优化的黄河补水措施情境模拟,得到连续补水 5 年后不同补水方案下的自然保护区湿地生境变化（见图8-7、图8-8）。

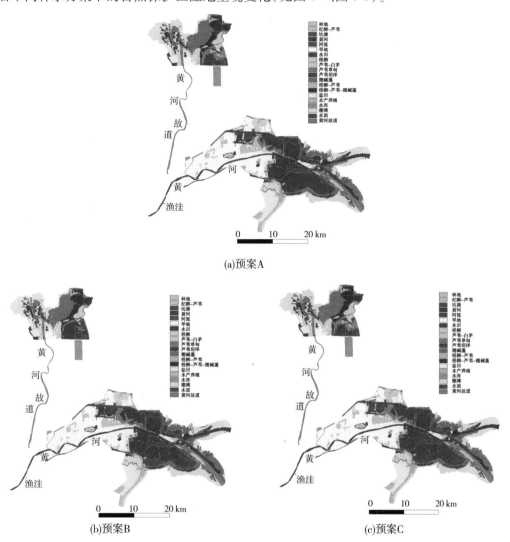

图 8-7　不同引水预案下黄河三角洲自然保护区生境模拟

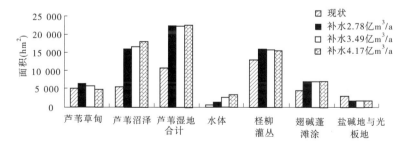

图 8-8　三种典型引水预案对黄河三角洲自然保护区湿地修复比较

实施保护区湿地补水后，预案 A 黄河补水 2.78 亿 m³/a，其补水效果仅仅是实现湿地植被的面积恢复,初步实现湿地生境的基本生态学功能的维持,但补水条件下的湿地植被结构不会发生大的变化,湿地生态状况一般;预案 B 黄河补水 3.49 亿 m^3/a,补水实施后区内植被面积得到恢复,主要水生和湿生植被的生物量与生态状况得到基本修复,湿地生态系统的水生和湿生植被及水面景观斑块镶嵌趋于稳定与合理,景观结构的岛屿化和破碎化状况得到显著好转,湿地生态状况良好;预案 C 黄河补水 4.17 亿 m^3/a,补水实施后因水量的增加,区内适宜于游禽类栖息的水面积增加,但草甸湿地较现状减少约 200 hm^2,芦苇植被的空间分布及景观格局较现状呈现明显的生态布局演替,主要表现在原有的芦苇草甸因淡水补给的作用大多演替为芦苇沼泽,补水后新生成的芦苇草甸则分布在补给区内地势较高部位及补给区的周边区域,形成新的适合于鸟类栖息的生境。

从图 8-8 可以看出,在考虑湿地斑块形态的人工围堰干预条件下,保护区湿地人工修复的三种引水预案,都能够显著提高芦苇湿地尤其是芦苇沼泽的面积,对以芦苇沼泽湿地为主要栖息地的涉禽鸟类如丹顶鹤等鸟类生境的保护和恢复,均可起到重要促进作用。各补水预案措施下,芦苇沼泽面积从原有的 5 600 hm^2 分别增加到 15 800 hm^2、16 400 hm^2、17 700 hm^2,但由于地形地貌条件所限,补水后芦苇草甸面积变化不大。在潮上带及部分潮间带,因淡水资源的补给,咸淡水混合的环境更有利于翅碱蓬生长,翅碱蓬滩涂面积有很大幅度的增加,从 4 500 hm^2 增加到修复后的 7 000 hm^2,更有利于生物多样性保护和大部分游禽类鸟类索食的需求,但三种引水预案所产生的影响差异较小;芦苇湿地的增加会对黑嘴鸥、天鹅等游禽生境产生一定拮抗影响,其现有的鸟类栖息环境有所改变,但滩涂翅碱蓬和水面景观结构不会产生阈值影响问题;三种预案情况下,柽柳灌丛面积较现状均有增加,但变化幅度不大,盐碱地与光板地较现状大幅度减少;各预案下的湿地水面均有大幅度增加,其中预案 C 增加最为显著,从现状 500 hm^2 增至约 3 100 hm^2。

水面面积的增加一方面为丹顶鹤、白鹤、大天鹅、小天鹅、疣鼻天鹅等众多涉禽和游禽类水生鸟类提供了理想栖息地与育幼觅食场地,另一方面芦苇沼泽核心区的水面扩展和功能连通,修复了湿地的生境破碎化状况,有利于河口湿地生态系统的稳定与健康发展。而在生态模拟和情境分析研究中得到,若湿地过度引水,超过芦苇等挺水植物的适宜水深要求时,就会对芦苇等植被主要生长期的生理学发育构成抑制影响,在此情境下加大引水量能够增加水面面积,但由于水生、湿生和灌丛的沼泽及草甸面积减少较多,涉禽类的栖息生境将受到损害,并对游禽类的部分栖息生境产生影响。

(3)各预案比较来看,从预案 A 到预案 B,水量增加了 0.71 亿 m^3/a,水面面积增加 1 700 hm^2,从预案 B 到预案 C,水量增加了 0.68 亿 m^3/a,但是水面和芦苇沼泽面积仅分别增加了约 500 hm^2 和 1 300 hm^2,而草甸湿地的面积却减少 1 100 hm^2,湿地增加补水的生态学效益、损失及平衡变化趋势均不显著。从综合考虑补水的生态学效应和黄河水资源的稀缺性角度分析,补水预案 B 的生态经济效益要优于预案 C 与预案 A。

8.6.4.2 鸟类栖息地质量变化

生态承载力是指在无狩猎等干扰条件下种群与环境所达到的平衡点,这里可以理解为某生境所能承载的指示物种的数量。指示物种的生态承载力根据该物种对栖息繁殖地、觅食地、休憩地及对道路等干扰的距离要求综合确定,由景观生态决策模型(LEDESS)进行模拟计算。依据恢复生态系统主要恢复植被生长所需要的适宜立地条件,以及湿地植被的自然演替规律,建立河口不同水盐条件下研究区域的植被演替知识表,并将其转换为 LEDESS 模型的知识矩阵,通过水文分布和生态恢复模型,预测不同补水条件下可能产生的自然生态单元与地表覆盖物类型,利用模型中建立的指示物种对生境类型及面积的需求知识矩阵,模拟得出不同预案条件下指示物种生境的适宜性变化及不同指示物种的生态承载力(见表 8-12、图 8-9)。

表 8-12　不同预案下代表性保护鸟类生境的承载力比较

预案	越冬期丹顶鹤		繁殖期东方白鹳		繁殖期黑嘴鸥	
	适宜生境面积（hm²)	生态承载力（对）	适宜生境面积（hm²)	生态承载力（对）	适宜生境面积（hm²)	生态承载力（对）
现状	23 300	30	13 100	45	41 000	400
预案 A	53 800	209	22 000	361	40 200	540
预案 B	54 400	211	22 200	378	42 500	541
预案 C	55 200	227	22 800	446	42 400	549

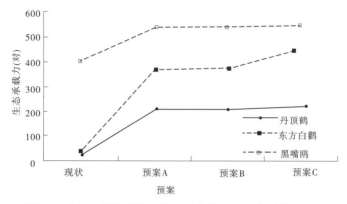

图 8-9　各补水预案下代表性保护鸟类生境生态承载力

研究结果表明,维持现有黄河流路附近的湿地规模补水时,由于湿地斑块面积相对较小、系统抗干扰的能力不高,湿地鸟类繁殖期内黄河三角洲国家级自然保护区东方白鹳生境的承载力数量平均为 45 对,黑嘴鸥数量为 400 对,越冬期丹顶鹤平均数量为 30 对的水平。这表明现状水平年黄河三角洲湿地虽然具备了东方白鹳、丹顶鹤及黑嘴鸥等保护性鸟类的繁殖和越冬生境条件,但由于主要鸟类的适宜生境面积小和岛屿化、破碎化问题的存在,东方白鹳、丹顶鹤及黑嘴鸥等保护性鸟类的适宜承载数量较少。

在进行自然保护区总体的恢复性生态补水时,退化的芦苇湿地、盐碱地已被湿地修复新产生的高质量芦苇沼泽所替代,成为丹顶鹤、东方白鹳等涉禽鸟类的适宜栖息地。丹顶鹤数量由现状的 30 对分别增加到 209 对、211 对和 227 对,繁殖期东方白鹳数量由现状的 45 对分别增加到 361 对、378 对和 446 对。芦苇湿地恢复对黑嘴鸥的栖息地产生了一定的有利影响,数量与现状相比有所增长,但增长缓慢,主要原因是黑嘴鸥的适宜生境为咸淡水交互区域生长的翅碱蓬群落,人工补水对其栖息地的修复作用并不十分明显,而过多地补水反而会抑制黑嘴鸥栖息地生境的正常演替。

8.6.4.3 湿地生态质量变化

实施生态补水后,黄河三角洲湿地植被盐生演替系列和湿生演替系列都呈顺向发展趋势,光板地、盐碱地、滩涂等面积减少,湿生沼泽、普通草甸、灌丛等面积增加。随着植被演替的顺向发展,指示物种适宜生境面积显著增加。随着湿地植被的顺向演替和鸟类栖息地质量的提高,湿地整体功能得到了有效恢复,湿地生态质量明显提高。从表8-13可看出,补水后,黄河三角洲湿地平均生态质量从现状的6.40逐渐增加到7.80(预案A)。这表明同时进行三角洲南部(现行流路)与北部(刁口河流路)退化湿地恢复(平均补水15 cm)是一个较好的选择。然而不同补水预案之间的差异较小,需要我们对结果进行慎

表8-13 黄河三角洲生态评价矩阵

生态评价指标			对照年(1992年)	现状(2005年)	预案A	预案B	预案C
数量特征		湿地补水量(亿 m³/a)	黄河自然补给	1.57	2.78	3.49	4.17
		平均水深(cm)	—	30	15	30	45
		淹没面积(hm²)	8 000	23 600	23 600	23 600	23 600
	芦苇面积(hm²)	芦苇草甸	32 000	4 936	12 455	11 247	8 386
		芦苇沼泽		5 297	12 664	14 046	17 261
	指示物种评价	丹顶鹤(越冬对数)	200	61	61	63	86
		大鸨(停留对数)	750	19	17	17	17
		黑嘴鸥(繁殖对数)	650	698	548	548	548
		白鹤(停留对数)	100	64	63	66	71
		东方白鹳(繁殖对数)	40	55	172	201	253
		小天鹅(停留对数)	1 000	708	1 126	1 138	1 594
	Shannon – Weaver 指数		—	2.23	2.77	2.77	2.76
	翅碱蓬、柽柳总面积(hm²)		20 000	17 642	22 286	22 189	21 878
	补水效率[淹没面积(hm²)/补水量(10⁶ m³)]		—	51	85	68	57
生态评价得分(1~10)		自然性	8.0	6.0	7.5	7.5	7.5
		栖息地多样性	7.0	6.5	8.1	8.1	8.1
		稀有性	6.0	4.9	4.9	5.0	5.4
		独特性	10	8.8	10.0	10.0	10.0
		可持续性	—	6.0	10.0	8.0	6.7
		国际重要性	7.0	6.1	6.3	6.4	6.7
		均值	—	6.40	7.80	7.49	7.39

重的分析,而且这些得分对目标价值的选择较为敏感,例如适宜翅碱蓬与柽柳的总面积如果设定为 30 000 hm² 而不是 20 000 hm²,不同预案所得到的分值就会不同。不同补水预案分值差异较小,也说明补水黄河虽然对三角洲湿地生态价值增加有较大作用,但其他方面如减少人为干扰、增加生境的生态完整性等措施也是提高湿地生态质量的重要手段。

8.6.4.4 湿地生态价值变化

借助景观生态决策与评价模型(LEDESS)强大的空间模拟和情境分析功能,运用生态经济学的核算方法,借鉴以往湿地生态评价和经济评价的研究成果,以水和生态之间的关系为基础分析水、生态状况、生态价值的关系,初步估算不同时间序列、不同补水预案下的湿地生态经济价值,科学度量湿地补水的生态效益,可为地区水资源优化配置,谋求水的最大效益,以及湿地生态保护与恢复提供决策支持。

1)评价范围与时间

考虑数据可获取性和评价目的,评价范围与 LEDESS 模型保持一致,以自然保护区陆域湿地为主体,面积为 10 万 hm²。评价时间序列包括 1992 年(自然保护区建区)、现状年(2005 年)、预案 A(补水 2.78 亿 m³)、预案 B(补水 3.49 亿 m³)及预案 C(补水 4.17 亿 m³)。

2)评价指标与方法

将湿地的组成部分、功能和属性按使用价值分类,如直接使用价值、间接使用价值和非使用价值,对不同的使用价值采用不同的评价方法,评价方案主要包括影响分析、局部评价、全局评价。评价指标与方法如表 8-14 所示。

表 8-14 黄河三角洲湿地补水生态效益评价指标及方法

价值类别		评价指标	评价方法
直接使用价值	直接产品价值	湿地产品	市场价值法
	直接服务价值	科研文化	类比法
		旅游休闲	旅行费用法
间接使用价值	生态价值	均化洪水	影子工程法
		涵养水源	影子工程法
		调节气候	碳税法
		防止风暴潮	影子工程法
		防止土地盐碱化	影子工程法
		提供物种栖息地	类比法
	环境功能价值	净化水质	影子工程法
非使用价值	存在价值	生物多样性	类比法
	遗产价值	文化遗产	类比法

3)评价结果及分析

结果表明,现状年黄河三角洲湿地生态价值较 1992 年保护区建立时衰减较大,湿地生态价值只有 110 亿元,减少约 29%。实施生态补水后,随着湿地植被顺向演替,鸟类栖息地质量提高,湿地生态功能得到了有效恢复,湿地生态价值明显提高,湿地补水生态效益显著(见图 8-10)。当补水 2.78 亿 m³/a(预案 A)时,湿地生态价值基本上恢复到 1992 年水平,约为 157 亿元;补水 3.49 亿 m³/a(预案 B)时,湿地生态价值达到 159 亿元;补水 4.17 亿 m³/a(预案 C)时,湿地生态价值继续增加,达到 163 亿元。

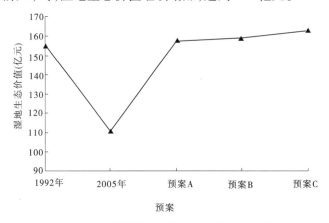

图 8-10 不同预案湿地生态价值变化趋势

可见,湿地生态补水效益较为明显,但当水量增加到一定程度时,各补水预案产生的生态价值差别较小(见图 8-10),单位水量引起的湿地生态价值增量减少(见图 8-11),说明补水量与湿地生态价值并不具有良好的线性关系,补水生态效益存在阈值。对于湿地而言,生态需水有一个范围,湿地生态系统良性循环对水文情势有自身的需求规律,并非水量越大越好,黄河三角洲湿地补水存在一个适宜范围,这与栖息地质量模拟的结果是一致的。

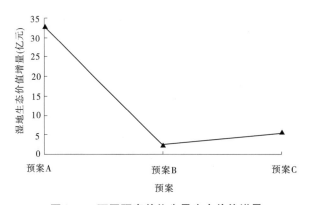

图 8-11 不同预案单位水量生态价值增量

湿地经济评价在湿地科学中是一个崭新的研究方向,目前处于刚刚起步和方法探索阶段,同时,由于研究资料等所限,对三角洲湿地补水经济价值的评价可能不完全涵盖湿地生态价值,将水的生态效益纳入湿地生态需水研究中还存在相当大的难度,湿地生态价值存在被低估的可能,因此研究尚存在一些问题有待于进一步深入探索、研究和解决,而基于水分生态效益高效发挥的生态需水核算模式将是我国乃至世界未来生态需水研究领域的长期命题。

8.6.5　黄河三角洲湿地生态需水量

根据不同补水条件下生境结构变化、指示物种栖息地质量、生态承载力分析及湿地生态价值评价,可以得出如下结论:基于一定保护目标和保护规模的黄河三角洲自然保护区生态需水量范围为 2.78 亿~4.17 亿 m^3,维持黄河现有流路附近淡水湿地的生态补水量为 1.57 亿 m^3/a,实现现行流路和刁口河流路湿地范围内湿生植被生境维持的生态补水量为 2.78 亿 m^3/a,实现现行流路和刁口河流路湿地范围内湿生植被较良好生境规模与状况的生态补水量为 3.49 亿 m^3/a。黄河现有流路及刁口河流路湿地补水区域所需的黄河补水量计算结果如表 8-15 所示。

表 8-15　黄河三角洲湿地补水量计算 （单位:亿 m^3/a）

预案分析	现有流路湿地补水量	刁口河湿地补水量	合计
预案 A	2.35	0.43	2.78
预案 B	2.95	0.54	3.49
预案 C	3.52	0.65	4.17

第9章 基于流域层面的黄河重要湿地保护优先序

针对每一个具体保护物种、保护个体、生物群落和景观保护目标,研究其生态功能和结构,揭示单一或复合生态的种群或系统模式,提出具体的生态保护要求,这在区域生态保护研究中是常用和成熟的技术方法。但若从流域更广泛的生态系统层面来看,在河流宏观尺度上分析,这些生态单元仅仅是河流系统的一个生态斑块,这些生态景观中有些是相对孤立的,不会在相互间发生直接和具体的生态影响与冲突,但更多的景观单元从河流尺度上来看,是互为联系的,存在能量、水力和生物的连通,在景观上有着斑块镶嵌、生物拮抗、系统干扰以及临界阈和渗透现象。因此,仅仅停留在单目标和局部生态的研究方面,就不能全面和系统地认识河流复杂的生态问题,甚至于过度保护和重建某些局部与具体的生境,反而可能带来河流系统其他生态目标的损害,甚至于流域生态系统的失衡。因此,在流域重要保护目标的研究基础上,探讨流域生态保护的空间布局,研究河流重要生态目标在流域层面的功能定位和保护的优先序,已成为流域生态研究的重要内容。

黄河是一个资源性缺水的河流,在流域社会经济发展相对落后、人类活动极其频繁的局面下,黄河流域的湿地保护面临水资源短缺的生态干扰,以及经济社会发展和人类行为干扰等多重压力。本研究在流域水资源支撑能力的研究基础上,探讨了流域重要湿地资源在流域管理和保护层面上的优先序。根据湿地在黄河流域尤其是黄河生态系统的功能定位、湿地水资源条件和生态干扰性、湿地与黄河的水力和生态学联系、湿地重要性等因素,在流域尺度上将筛选出17块多生态功能目标的重要湿地作为流域层面需重点关注的生态保护目标,在实践中进行分级分类管理和保护。

根据黄河流域优化配置和黄河生态系统完整性保护的原则,按照生物多样性的要求,参照景观生态学的理论和河流生态功能保护的技术,探讨建立黄河重要湿地的评价指标体系,并在流域尺度上对湿地生态功能的重要性进行排序。在湿地功能和优先序研究中,充分结合全国生态功能区划、水功能区划的要求、贯彻维持黄河健康生命的治河理念和遵循黄河水资源生态保障可配置条件角度,从维持黄河乃至流域生态系统的稳定与健康入手,采用层次分析法进行了计算分析。

9.1 黄河流域重要湿地生态功能评价

9.1.1 评价指标体系构建

识别和筛选流域层面上的生态目标,首先需解决的是确定各重要生态目标在流域生态系统中的作用、功能定位问题,即在流域层面上构建目标对象的生态功能评估体系。

作为复杂的复合生态系统和水域陆域的生态交错带,针对湿地的生态评价指标比较多,一般涉及 30 多个指标,出现频度较高的有多样性、稀有性、自然性、面积适宜性、代表性、人类威胁、脆弱性、物种丰度等。在实际工作中,如果采用过多和复杂的指标进行湿地的生态评级与保护管理,往往会带来困难和混乱,流域评估需要在这些众多的评价指标中,进一步根据流域生态系统保护的观点,筛选最能确切反映湿地生态环境质量的指标而建立评价体系。

本研究在流域水资源管理和保护的原则框架下,分析流域湿地水资源支撑和干扰的生态学机制,参考自然保护区的相关评价指标体系和湿地经济评价体系等相关研究成果,针对黄河流域湿地生态特征,从湿地的生态服务功能、湿地的生态保护功能和湿地资源功能中筛选出 16 个主要指标,从流域和区域的功能体现与表征,进行黄河湿地的生态评价(见表 9-1)。

表 9-1　湿地生态评价指标体系框架

综合指数(目标层 A)	功能类型(准则层 B)	评价指标(指标层 C)
湿地生态评价综合指数 A	流域和区域层面上的生态服务功能 B1	均化洪水 C1
		涵养水源 C2
		调节气候 C3
		净化水质(过滤作用) C4
		防止盐水入侵 C5
	景观单元的生态保护功能 B2	野生动物栖息地 C6
		稀有性 C7
		多样性 C8
		代表性 C9
		自然性 C10
		脆弱性 C11
	资源功能 B3	湿地供水 C12
		湿地动植物产品 C13
		湿地能源产品 C14
		研究与教育基地 C15
		旅游休闲 C16

9.1.2　流域湿地生态功能评价指标权重

9.1.2.1　分析方法

流域层面上的湿地功能和保护的优先序评价,重点是要突出具有流域和大范围影响作用湿地的结构与功能定位权重问题。在流域生态系统和河流生态层面上,指标体系中各个指标的权重充分考虑流域重要湿地与黄河的水力联系、可利用水资源条件,并在充分认识黄河流域特殊社会背景等基础上,采用层次分析法(AHP)进行综合确定。

判断矩阵(见表9-2)是层次分析法的核心,采用 AHP 法进行层次分析的一个关键就是建立判断矩阵,然后借助计算机技术对矩阵进行处理,以确定各个指标的权重值。根据本研究的研究目的,构造判断矩阵应着重考虑以下几个方面:①流域或区域层面上的湿地与黄河的水力关系;②湿地局部水文指标;③流域层面上的特殊生态类型;④流域或区域的特殊栖息地;⑤流域或区域特殊保护物种;⑥特殊生态功能。

表9-2　判断矩阵中各元素的确定

a_{ij}	含义
1	表示两指标相比,具有同样重要性
3	表示两指标相比,前者比后者稍微重要
5	表示两指标相比,前者明显重要
7	表示两指标相比,前者重要得多
9	表示两指标相比,前者极端重要
2,4,6,8	介于以上相邻两种情况之间
以上各数的倒数	两指标反过来比较

9.1.2.2　一致性检验

运用近似求方根法计算判断矩阵的最大特征根及其所对应的特征向量,方法步骤如下。

计算判断矩阵每一行元素的乘积:

$$M_i = \prod_{j=1}^{n} b_{ij} \quad (i = 1,2,\cdots,n)$$

计算 M_i 的 n 次方根:

$$\overline{W}_i = \sqrt[n]{M_i} \quad (i = 1,2,\cdots,n)$$

计算特征向量:

$$W_i = \frac{\overline{W}_i}{\sum_{i=1}^{n} \overline{W}_i} \quad (i = 1,2,\cdots,n)$$

计算最大特征根:

$$\lambda_{\max} = \sum_{i=1}^{n} \frac{(AW)_i}{nW_i}$$

计算一致性指标:

$$CI = \frac{\lambda_{\max} - n}{n - 1}$$

当 $CI = 0$ 时,具有完全一致性,CI 越大,判断矩阵的一致性越差;计算随机一致性指

标 $CR = \dfrac{CI}{RI}$（RI 是平均随机一致性指标，具体数值见表 9-3），当 $CR < 0.10$ 时，判断矩阵具有令人满意的一致性，当 $CR > 0.10$ 时，需调整判断矩阵（检验结果见表 9-4～表 9-7）。

表 9-3　平均随机一致性指标

阶数	1	2	3	4	5	6	7	8	9	10	11	12	13	14	15
RI	0	0	0.58	0.90	1.12	1.24	1.32	1.41	1.45	1.49	1.52	1.54	1.56	1.58	1.59

表 9-4　矩阵Ⅰ:A - B 判断矩阵

A	B1	B2	B3	W_i	排序	
B1	1	3	8	0.65	1	$\lambda_{\max} = 3.07$
B2	1/3	1	6	0.29	2	$CI = 0.0368$　$RI = 0.58$
B3	1/8	1/6	1	0.06	3	$CR = 0.0634 < 0.10$　通过一致性检验

表 9-5　矩阵Ⅱ:B1 - C 判断矩阵

B1	C1	C2	C3	C4	C5	W_i	排序	
C1	1	1	5	6	7	0.3892	1	
C2	1	1	5	6	7	0.3892	1	$\lambda_{\max} = 5.2868$
C3	1/5	1/5	1	3	5	0.1206	3	$CI = 0.0717$　$RI = 1.12$
C4	1/6	1/6	1/3	1	3	0.0652	4	$CR = 0.0640 < 0.10$
C5	1/7	1/7	1/5	1/3	1	0.0357	5	通过一致性检验

表 9-6　矩阵Ⅲ:B2 - C 判断矩阵

B2	C6	C7	C8	C9	C10	C11	W_i	排序	
C6	1	2	1	5	6	4	0.3101	1	
C7	1/2	1	1/2	4	5	3	0.1953	2	$\lambda_{\max} = 6.1126$
C8	1	2	1	5	6	4	0.3101	1	$CI = 0.0225$
C9	1/5	1/4	1/5	1	2	1/2	0.0577	4	$RI = 1.24$
C10	1/6	1/5	1/6	1/2	1	1/3	0.0388	5	$CR = 0.0181 < 0.10$
C11	1/4	1/3	1/4	2	3	1	0.0880	3	通过一致性检验

表 9-7　矩阵Ⅳ: B3 - C 判断矩阵

B3	C12	C13	C14	C15	C16	W_i	排序	
C12	1	4	2	5	5	0.437 2	1	$\lambda_{max} = 5.139\ 4$
C13	1/4	1	1/3	3	3	0.143 1	3	$CI = 0.034\ 9$
C14	1/2	3	1	4	4	0.286 1	2	$RI = 1.12$
C15	1/5	1/3	1/4	1	1	0.066 8	4	$CR = 0.031\ 2 < 0.10$
C16	1/5	1/3	1/4	1	1	0.066 8	4	通过一致性检验

9.1.2.3　计算评价指标权重

评价指标权重如表9-8所示。

表 9-8　湿地功能评价指标权重

指标	B1	B2	B3	指标权重	排序
	0.65	0.29	0.06	$W(I) = B_i C_{ij}$	
均化洪水 C1	0.389 2			0.253 0	1
涵养水源 C2	0.389 2			0.253 0	1
调节气候 C3	0.120 6			0.078 4	3
净化水质(过滤作用)C4	0.065 2			0.042 4	5
防止盐水入侵 C5	0.035 7			0.023 2	8
野生动物栖息地 C6		0.310 1		0.089 9	2
稀有性 C7		0.195 3		0.056 6	4
多样性 C8		0.310 1		0.089 9	2
代表性 C9		0.057 7		0.016 7	10
自然性 C10		0.038 8		0.011 3	11
脆弱性 C11		0.088 0		0.025 5	7
湿地供水 C12			0.437 2	0.026 2	6
湿地动植物产品 C13			0.143 1	0.008 6	12
湿地能源产品 C14			0.286 1	0.017 2	9
研究与教育基地 C15			0.066 8	0.004 0	14
旅游休闲 C16			0.066 8	0.004 0	14

9.1.3　流域湿地生态功能评价指标

根据湿地生态评价标准体系,结合黄河流域湿地在流域生态系统中的功能定位和作用实际,参考自然保护区推荐的赋分建议,研究提出以下流域湿地评估的评价指标赋分标准(见表9-9)。

针对黄河某块特定湿地,湿地评价功能指标分4个级别,满分为4分。有某种湿地功能记为1～4分,无某种湿地功能记为0分。

表 9-9　湿地功能等级赋分标准

功能类型	评价指标	量级（评价指标）		赋分
生态服务功能	均化洪水 C1 1. 蓄水量（m³） 2. 削减洪峰量（%）	1. 蓄水量：$M > 1 \times 10^9$	2. 削减洪峰量：$>50\%$	4
		$1 \times 10^9 \geqslant M > 1 \times 10^8$	$>30\%$	3
		$1 \times 10^8 \geqslant M > 1 \times 10^7$	$>20\%$	2
		$M \leqslant 1 \times 10^7$	$>10\%$	1
	涵养水源 C2 补给水总体积 （m³）	$M > 1 \times 10^{10}$		4
		$1 \times 10^{10} \geqslant M > 1 \times 10^9$		3
		$1 \times 10^9 \geqslant M > 1 \times 10^8$		2
		$M \leqslant 1 \times 10^8$		1
	调节气候 1. 温度调节（℃） 2. 湿度变化（%）	1. 温度调节：$T > 1$	2. 湿度变化：$H > 3$	4
		$1 \geqslant T > 0.7$	$3 \geqslant H > 2$	3
		$0.7 \geqslant T > 0.5$	$2 \geqslant H > 1$	2
		$T \leqslant 0.5$	$H \leqslant 1$	1
	净化水质 C4 （入流出流 毒物量差）	$N > 80\%$		4
		$80\% \geqslant N > 70\%$		3
		$70\% \geqslant N > 60\%$		2
		$N \leqslant 60\%$		1
	防止盐水入侵 C5 控制面积（hm²）	$S > 1 \times 10^4$		4
		$>1 \times 10^3$		3
		$>1 \times 10^2$		2
		$>1 \times 10$		1
生态保护功能	野生动物栖息地 C6	全国范围唯一或极重要的栖息地和繁殖地		4
		全省范围唯一或极重要的栖息地和繁殖地		3
		全省范围极重要的栖息地或迁移地		2
		常见的生物栖息地或迁移地		1
	稀有性 C7	全球性珍稀濒危物种		4
		国家重点保护一类动物或一、二类植物		3
		国家重点保护二类动物或三类植物		2
		区域性珍稀濒危物种		1
	多样性 C8 1. 物种多样性 2. 生境类型多样性	1. 物种多样性极丰,高等植物≥2 000 种或高等动物≥300 种; 2. 保护区内生境或生态系统的组成成分与结构极为复杂,并且有很多类型存在		4

功能类型	评价指标	量级（评价指标）	赋分
生态保护功能	多样性 C8 1.物种多样性 2.生境类型多样性	1.物种多样性较丰,高等植物 1 000～1 999 种或高等动物 200～299 种; 2.保护区内生境或生态系统组成成分与结构比较复杂,类型较为多样	3
		1.物种多样性中等丰富,高等植物 500～999 种或高等动物 100～199 种; 2.保护区内生境或生态系统的组成成分与结构比较简单,类型较少	2
		1.物种量较少,高等植物 <500 种,高等动物 <100 种; 2.保护区内生境或生态系统的组成成分与结构简单,类型单一	1
	代表性 C9	在植被地带内具有代表性	4
		在植被亚地带内具有代表性	3
		在植被区内具有代表性	2
		不具有代表性	1
	自然性 C10	未受人类侵扰或极少受侵扰,保持原始状态,自然生境完好,核心区未受人类影响的完全自然性保护区	4
		已受到轻微侵扰和破坏,但生态系统无明显的结构变化,自然生境基本完好,核心区未受或较少受到影响的受扰自然性保护区	3
		已遭受较严重的破坏,系统结构发生变化,但尚无大量的引入物种,自然生境退化,核心区受到中等强度影响的退化自然性保护区	2
		自然生境遭到全面破坏,原始结构已不复存在,有大量的人为修饰迹象,外源物种被大量引入,核心区受到很大影响,自然状态基本已为人工状态所替代	1
	脆弱性 C11	主要或关键性物种适应性差,需特化生境或生活力弱,繁殖力很低	4
		主要或关键性物种需较为特化生境或生活力弱,繁殖力较低	3
		主要或关键物种不需特化生境,生活力与繁殖力强或较强	2
资源功能	湿地供水 C12	工业、农业、生活均大量利用	4
		工业、农业、生活均利用	3
		工业、农业或者生活利用,量少	2
		工业、农业或生活均不利用	1

功能类型	评价指标	量级(评价指标)		赋分
资源功能	湿地动植物产品 C13 1. 芦苇产量(t) 2. 捕鱼量(t)	1. 芦苇产量:$>1 \times 10^7$	2. 捕鱼量:$>1 \times 10^5$	4
		$>1 \times 10^6$	$>1 \times 10^4$	3
		$>1 \times 10^5$	$>1 \times 10^3$	2
		$>1 \times 10^4$	$>1 \times 10^2$	1
	湿地能源产品 C14	1. 发电蕴藏量:$>1 \times 10^6$	2. 泥炭储量:$>1 \times 10^8$	4
		$>1 \times 10^5$	$>1 \times 10^6$	3
		$>1 \times 10^4$	$>1 \times 10^4$	2
		$>1 \times 10^3$	$>1 \times 10^3$	1
	研究与教育基地 C15	吸引科技教育人员数$>1\,000$,吸引科研项目>10;或具有极其重要的科研意义和价值		4
		吸引科技教育人员数>500,吸引科研项目>8;或具有重要的科研意义和价值		3
		吸引科技教育人员数>100,吸引科研项目>6;或有科研意义和价值		2
		吸引科技教育人员数>50,吸引科研项目>4;科研意义和价值不大		1
	旅游休闲 C16	吸引游客人数$>1 \times 10^7$		4
		吸引游客人数$>1 \times 10^6$		3
		吸引游客人数$>1 \times 10^5$		2
		吸引游客人数$>1 \times 10^4$		1

9.1.4 流域湿地生态功能评价

根据流域湿地评价指标得分和权重,计算每一块湿地的综合指数。公式如下:

$$VI = \sum_{i=1}^{N} W_i \sum_{j=1}^{N} (W_{ij} F_{ij})$$

式中,VI 为湿地功能综合指数;W_i 为第 i 个功能类型权重;N 为湿地功能类型数;W_{ij} 为第 i 个功能类型中第 j 个指标权重;F_{ij} 为第 i 个湿地功能类型中第 j 个指标级别(分值)。

评级结果如表 9-10 所示。

9.1.5 黄河流域重要湿地评价分析

从黄河流域重要湿地综合评价结果来看,黄河流域湿地综合指数为 3 ~ 4 分的有 5 处,分布于黄河源区和河口区;综合指数为 2 ~ 3 分的有 3 处,均分布于黄河中游;综合指

表 9-10　黄河湿地等级赋分及综合指数一览表

功能类型	权重	指标	权重	三江源湿地（黄河源区部分）	曼刚唐湿地	若尔盖湿地	黄河首曲湿地	黄河三峡湿地	青铜峡库区湿地	沙湖湿地	乌梁素海湿地	南海子湿地
生态服务功能 B1	0.65	均化洪水	0.389 2	4	3	4	4	3	2	1	2	1
		涵养水源	0.389 2	4	4	4	4	0	0	0.5	0.5	0.5
		调节气候	0.120 6	4	3	4	3	1	1.5	0.5	2	0.5
		净化水质	0.065 2	1	0	1	1	1	1	1	3	2
		防止盐水入侵	0.035 7	0	0	0	0	0	0	0	0	0
		指数		3.661	3.086	3.661	3.151	1.353	1.025	0.709	1.410	0.775
生态保护功能 B2	0.29	野生动物栖息地	0.310 1	4	3	4	4	1	2	1.5	3	1.5
		稀有性	0.195 3	4	3	4	4	2	3	2	3	1
		多样性	0.310 1	4	3	3	3	1	3	1	3	1
		代表性	0.057 7	4	4	4	4	1	3	1	3	1
		自然性	0.038 8	4	4	4	3	2	2	2	2	2
		脆弱性	0.088 0	4	4	4	4	1	1	1.5	1.5	1
		指数		4.000	3.185	3.690	3.651	1.234	2.475	1.433	2.829	1.194
资源功能 B3	0.06	湿地供水	0.437 2	2	1	1	1	3	3	2	2	2
		湿地动植物产品	0.143 1	2	1	1	1	1	1	2	3	1
		湿地能源产品	0.286 1	4	3	4	1	4	2	0	0	0
		研究与教育基地	0.066 8	4	2	4	3	0	1	1	3	1
		旅游休闲	0.066 8	0	0	1	1	2	1	2	0.5	1
		指数		2.572	1.572	2.059	1.067	2.733	2.161	1.361	1.538	1.151
综合指数				3.694	3.024	3.573	3.171	1.502	1.513	0.958	1.529	0.919

续表 9-10

功能类型	权重	评价指标 指标	权重	杭锦淖尔湿地	陕西黄河湿地	运城湿地	河南黄河湿地	新乡黄河湿地	郑州黄河湿地	开封柳园口湿地	黄河三角洲湿地
生态服务功能 B1	0.65	均化洪水	0.389 2	2	3	4	4	2	2	2	3
		涵养水源	0.389 2	1	2	1	2	1	1	1	3
		调节气候	0.120 6	2	2	2	3	1	2	1	4
		净化水质	0.065 2	1	2	2	2	2	2	1	4
		防止盐水入侵	0.035 7	0	0	0	0	0	0	0	4
		指数		1.474	2.318	2.318	2.827	1.419	1.419	1.353	3.221
生态保护功能 B2	0.29	野生动物栖息地	0.310 1	2	3	3	3	3	2	2	4
		稀有性	0.195 3	2	3	3	3	3	3	2	4
		多样性	0.310 1	1	3	4	4	3	3	2	4
		代表性	0.057 7	2	3	3	3	3	2	2	4
		自然性	0.038 8	2	2	2	2	2	2	2	3
		脆弱性	0.088 0	1	1	1	1	1	1	1	3
		指数		1.602	2.785	3.095	3.095	2.785	2.417	1.912	3.873
资源功能 B3	0.06	湿地供水	0.437 2	3	3	3	4	3	3	3	3
		湿地动植物产品	0.143 1	2	2	2	3	1	1	1	3
		湿地能源产品	0.286 1	0	0	3	4	0	0	0	4
		研究与教育基地	0.066 8	0	3	2	3	1	1	1	4
		旅游休闲	0.066 8	0	2	1	3	1	1	1	2
		指数		1.598	1.932	2.657	3.723	1.588	1.588	1.588	3.286
综合指数				1.519	2.430	2.563	2.959	1.825	1.718	1.529	3.414

数为 1~2 分的湿地最多,有 7 处,以上游水库湿地和下游河道湿地为主,综合指数小于 1 分的湿地有 2 处,分布于上游宁蒙河段。

从分析结果可以看出,在众多类型的黄河湿地中,黄河源区湿地和河口湿地有很高的生态功能,对维持流域生态安全和河口河海水域生态安全具有重要意义与全局性的保护价值;中游湿地分布较广、类型多,生物多样性较为丰富;黄河下游河道湿地因受河道游荡多变及人类活动频繁干扰等影响,综合指数较低;上游湖库型湿地位于西北干旱区,水资源供需矛盾突出,湿地演替与流域的竞争性用水矛盾突出,湿地演替的趋向拐点与水资源的干扰因素直接相关,湿地总体的综合指数较低。从黄河生态价值和保护意义上分析,区内大多数因农田退水形成的湖泊型湿地,如与黄河干流无直接水力联系的宁夏沙湖湿地,因无长期稳定的水源补给,处于严重的水资源生态干扰影响压力威胁下,从流域层面河流生态稳定和生态连通的角度上来看,其湿地保护价值相对较低。

9.2 黄河重要湿地的保护优先序

在研究所开展的黄河流域湿地生态功能评价基础上,考虑湿地的国际、国家和流域、区域的功能价值与维护的资源代价,根据国家主体功能区划、全国生态功能区划和流域水资源分区条件及优化配置可能,以湿地保护的水资源支撑和干扰条件为主要判定依据,从流域层面和黄河生态系统保护的角度,在统筹和兼顾区域生态系统保护利益的基础上,综合确定流域层面所关注的 17 块黄河重要湿地的优先保护次序(见表 9-11)。

表 9-11　黄河流域重要湿地优先保护次序

湿地名称	综合指数	区域水资源支撑条件	国内重要性	国际重要性	全国重要生态服务功能区	优先保护次序
三江源湿地(黄河源区部分)	3.694	具有良好的水资源支撑条件,同时湿地强大的水源涵养功能对本区水资源具有重要意义	鄂陵湖、扎陵湖、岗纳格玛错湿地是中国重要湿地	鄂陵湖、扎陵湖是国际重要湿地	三江源水源涵养重要区	优先保护湿地
曼则唐湿地	3.024		中国重要湿地(属若尔盖高原湿地)		若尔盖水源涵养重要区	
若尔盖湿地	3.573		中国重要湿地	国际重要湿地		
黄河首曲湿地	3.171		中国重要湿地(属若尔盖高原湿地)		甘南水源涵养重要区	

湿地名称	综合指数	区域水资源支撑条件	国内重要性	国际重要性	全国重要生态服务功能区	优先保护次序
黄河三峡湿地	1.502	具有良好的水资源支撑条件				一般保护湿地
青铜峡库区湿地	1.513	水资源承载力一般	中国重要湿地			
乌梁素海湿地	1.529	湿地保护的水资源支撑条件很有限	中国重要湿地			
杭锦淖尔湿地	1.519					
沙湖湿地	0.958					
南海子湿地	0.919					
陕西黄河湿地	2.430	区域水资源条件对湿地保护支撑能力有限				次优先保护湿地
运城湿地	2.563					
河南黄河湿地	2.959		三门峡库区湿地是中国重要湿地			
新乡黄河湿地	1.825		中国重要湿地（原豫北黄河故道湿地）			
郑州黄河湿地	1.718					
开封柳园口湿地	1.529					
黄河三角洲湿地	3.414	淡水资源补给不足是本区湿地保护的主要限制因子	中国重要湿地		生物多样性保护重要区	优先保护湿地

9.2.1 优先保护湿地

从湿地生态功能上分析,源区湿地和河口湿地生态功能评价综合得分均为 3~4 分,得分在流域最高阶层,属流域应最优先保护的湿地资源。

从湿地重要性上分析,黄河源区湿地有国际重要湿地 2 处,中国重要湿地 5 处,河口区的黄河三角洲湿地为中国重要湿地。全国生态功能区划确定黄河流域有 4 处全国重要生态功能区域,三江源湿地(黄河源区部分)、若尔盖湿地和曼则唐湿地、黄河首曲湿地分别属于三江源水源涵养重要区、若尔盖水源涵养重要区、甘南水源涵养重要区,河口湿地属于黄河三角洲湿地生物多样性保护重要区。

9.2.1.1　黄河河源区湿地

源区湿地是黄河上游的重要水源地,其水源涵养作用对调节黄河水量平衡,稳定黄河流域的生态平衡具有重要的作用。源区湿地沼泽的泥炭储藏量非常丰富,对降低温室效应、稳定气候具有重要的作用;世界最大并列入极重要的世界性高原泥炭沼泽湿地——若尔盖高原沼泽的核心地带,即位于源区湿地的主要保护范围。从水资源支撑条件上分析,源区湿地对黄河水资源的保护、流域生态系统健康和流域重要湿地的安全,有着极为重要的作用。

9.2.1.2　黄河三角洲湿地

黄河三角洲湿地是我国暖温带最完整、最广阔、最年轻的湿地生态系统,也是我国三大江河中唯一具有重要自然保护价值的江河河口湿地,是东北亚内陆和环西太平洋鸟类迁徙的"中转站"、越冬地和繁殖地,在我国及世界生物多样性保护和湿地研究工作中占有极其重要的地位。

黄河三角洲湿地资源,具有较高的生物物种和景观生境的多样性,使其具有强大的大气调节功能;特殊的地理位置、大面积的沿海湿地、较高的植被覆盖率,使河口湿地在减缓风暴潮危害、防止土地盐碱化方面发挥着积极作用;另外,黄河三角洲湿地在提供动植物产品、能源产品,作为研究与教育基地,均化洪水,涵养水源,净化水质等方面也具有较高的价值。但河口湿地正面临淡水资源缺乏和人工干预尺度增加、生境破碎化的问题,维持黄河河口湿地良性循环,保护黄河口生态环境安全,已成为维持黄河健康生命和新时期黄河治理的一项重要内容。

综合评估,上述湿地列为流域优先保护湿地。

9.2.2　次优先保护湿地

黄河中、下游洪漫湿地类型多样,生物多样性丰富,是国内迁徙鸟类重要的觅食、停歇和越冬地,同时也是华北地区生物多样性最为丰富的地区之一,黄河中游黄河河南湿地中的三门峡库区湿地为国家重要湿地。黄河中游湿地生态功能评价得分为 2～3 分,综合重要性次于源区和河口湿地;黄河下游湿地生态功能评价综合得分为 1.6～2.0 分。

综合评估,上述湿地列为流域次优先保护湿地。

9.2.3　一般保护湿地

9.2.3.1　黄河灌区乌梁素海湿地

乌梁素海湿地为中国重要湿地,是我国半荒漠地区比较少见的多功能大型湖泊,渔业和水生鸟类的生物多样性及区域生态保护价值较高,为河套灌区排灌系统的重要组成部分。

9.2.3.2　黄河上游湖库及河漫滩湿地

黄河三峡湿地和青铜峡湿地位于黄河流域干旱地区,形成于黄河干流水库蓄水运用时期,属人工湿地,生态保护功能一般,水资源支撑条件一般;杭锦淖尔湿地、南海子湿地因其生态功能评价综合得分较低,所处区域水资源支撑条件有限,易受到水资源的生态干扰影响而处于一般保护级别;沙湖湿地生态功能评价得分较低,所处区域水资源支撑条件很有限,也处于一般保护级别。

综合评估,上述湿地列为流域一般保护湿地。

9.3 基于流域层面上的黄河湿地保护建议

9.3.1 实施流域总体规划下的系统保护

流域生态保护的原则不仅是构建和保护局部及区域生态的功能,更重要的是统筹流域经济社会和生态保护的要求,实现河流整体生态系统的健康和流域层面生态效益的优化。因此,我们在河流生态系统的研究中,不仅要研究具体和局部的生态问题,更需在流域的层面建立河流尺度的生态研究观点,从流域生态健康的角度,探讨系统和多目标的河流生态系统保护问题。

黄河湿地的维持与水资源条件密切相关。在流域水资源供需矛盾日趋尖锐的形势下,必须充分考虑流域和区域水资源的支撑能力与干扰影响,统筹考虑黄河湿地的保护和修复工作。要根据流域生态保护的总体要求和水资源配置可能,在科学构建流域总体和系统的生态保护体系框架下有序开展。防止在割裂河流上下游、左右岸和忽视流域总体生态利益的前提下,实施狭隘的局部生态修复工作,防范对流域生态安全造成的威胁。

黄河生态系统的保护,应在流域层面和河流生态系统的尺度上进行合理规划与系统保护,根据流域生态和河流生态系统的保护要求,构建科学、合理和适宜规模与布局的湿地生态结构。要在确保黄河防洪安全、生态安全和河流健康的前提下,大力强化河源和河口三角洲等流域特殊敏感与极重要湿地的保护;在流域宁蒙缺水地区,要依据水资源的条件适度修复湿地的生态功能,防止忽视水资源的综合承载能力而实施大规模的湿地重建和规模扩张,保护黄河河套地区和流域生态的平衡;要根据黄河防洪和河流综合治理的原则要求,强化下游河道多目标的协调与保护,改善河道洪漫湿地的生态状况。

9.3.2 坚持自然保护为主和适度人工修复的保护原则

黄河流域水资源匮乏的局面,决定了黄河湿地生态的脆弱和易干扰性,黄河水资源承载基础和经济社会、生态保护间尖锐的供需矛盾,使我们必须清醒地认识到在流域生态建设和环境保护时,不可忽视水资源条件而采取大规模湿地重建和恢复的策略,以防止局部生态的重建而引起流域生态的失衡和破坏。黄河流域尤其是沿河湿地的保护,应在功能修复的目标下,强化湿地空间布局;生态景观结构和功能的保护,应充分尊重生态系统的客观规律,充分考虑水资源对湿地生态的支撑和干扰问题,建立科学、适宜和合理的黄河湿地空间布局与构架,在以自然保护为主的原则下考虑对受损的重要湿地进行适度人工干预和修复。

从本研究的流域分区水资源和湿地布局空间关系与支撑条件的分析中,我们不难看出,除黄河龙羊峡以上湿地对流域水资源具有涵养作用外,其余各分区的水资源条件对湿地规模的修复和重建支撑能力极为有限。尤其是在水资源紧缺和耗用水量大的宁蒙河段及黄河下游地区,注意协调好湿地人工过度干预及修复重建对流域生态安全的影响问题。研究表明,在水资源供需矛盾非常突出的黄河兰州至河口镇区间,水资源的支撑能力和缺水影响,已成为区域湿地维持的关键生态学干扰因素,区内不考虑水资源承载条件而开展的部分湿地人工修复行为,已经对湿地景观的可持续发育及流域生态平衡产生了负面影响。在区内水资源供需矛盾极为突出、超计划指标耗用黄河水并对下游生态安全产生影响的前提下,我们必须从流域生态保护的角度,对区内湿地的人工重建进行科学的审视。

在以自然保护为主的原则下,要根据黄河水源涵养和流域水资源与生态安全的原则,实施更为有效的源区湿地生态保护举措;要在确保黄河防洪安全的前提下,协调和优化河流治理与生物多样性保护的关系,实现与黄河治理相协调的生态良性循环;要统筹流域生态保护要求以及区域经济社会和生态保护的关系,实施上中游河道外湿地功能保护和适度修复的策略,防止忽视水资源支撑条件而采取的大规模湿地重建与面积扩张行为,加剧流域水资源的失衡局面,最终产生更大范围的河流生态和流域经济社会安全问题。

9.3.3 加强黄河源区等水源涵养湿地的保护

源区湿地是黄河重要的水源涵养地,黄河源区湿地的保护对维持流域经济社会和生态系统的安全,具有极为重要的战略意义和重要作用。建议国家各部门、流域管理机构和青海、甘肃地方人民政府,在三江源保护的政策框架基础上,进一步制定更为有效的生态补偿、生态移民、重点区域生态修复和黄河唐乃亥以上黄河源区的生态保护政策,实施河源区的综合生态保护规划并落实重点保护投资。通过源区生态的修复和保护工作,提升高寒草甸系统的生态稳定性,加强沼泽湿地和草甸湿地的涵养水源功能,形成源区湿地斑块生物量、生态景观镶嵌和空间结构、生态功能的优化,提高系统抗外界干扰与胁迫的恢复力和缓冲性。

9.3.4 实施黄河上游河道外重要湿地的合理规划和保护

黄河上游水库和河道外湖泊湿地,大部分属于人工和半人工湿地,湿地水资源支撑保证主要依靠直接引取黄河水或承泄灌区农业引黄退水,湿地对黄河过境水的依赖程度极高。

本区绝大部分地区位于中国西北内陆干旱区,区域产水量最小,但生产、生活和生态的耗水量大,水资源供需矛盾极为突出,湿地保护与区域生产、生活以及流域下游的经济发展和生态保护间存在竞争性用水关系。从水资源配置和管理的角度上看,该区域水资源利用率低、浪费问题突出,水资源短缺、不合理的生产用水结构和用水效率低是区域生态水量被挤占并难以得到基本保证的主要原因。从该区域在国家生态功能区划和保护规划中的定位,以及黄河水资源的综合承载能力分析,黄河上游尤其是宁蒙区域的河道外湿地规模,均不宜忽视水资源的支撑条件而实施过度的扩张,以避免湿地过度重建后生态功能逆向演替和产生流域湿地等生态系统的大范围失衡。从研究结果可以看到,黄河上游河道外重要湿地是物种传播和濒危物种的定居地,在区域生态平衡和生物多样性保护,以及黄河生态系统的生物流连通等方面具有不可替代的生态功能。鉴于此,研究认为区内湿地保护的重点,应调整为湿地生态结构和功能的优化,结合节水型社会建设和农业节水技术措施的应用,进一步优化区域水资源的配置,根据水资源的条件和配置可能,实施区域湿地生态的综合规划与保护,以重点湿地基本水资源的保证促进区域生态的合理保护。

研究认为,黄河上游河道外湿地的规模,应该根据国家生态保护战略要求、黄河水资源支撑条件和区内经济社会、生态保护需求,进行统筹规划和保护,避免重要湿地生态系统失衡和区内盲目实施大规模的湿地重建计划。建议在流域生态保护层面和黄河生态系统的尺度下,将区内湿地的保护综合纳入流域和省区的生态保护工作框架内,并在流域水资源配置中给予重点关注,重点通过省区黄河水资源配置的优化,实现区内黄河重要湿地适宜保护规模生态的保护和功能修复,限制区内大规模湿地重建和面积的扩张。

9.3.5 实现防洪安全下的黄河洪漫湿地生态保护

黄河上中下游河漫滩湿地大部分位于黄河河道范围内,具有提供重要生境、生态系统斑块和廊道连通的生态功能。黄河河道湿地在流域尺度上表现为条带状镶嵌体性质,湿地斑块边缘带相对较宽,内部生境少,较有利于边缘种的生存。由于历史原因和受黄河部分河段动床作用的影响,黄河中下游河道湿地的边界和生物栖息条件受黄河摆动及滩区农业开发的影响很大。在空间布局上,湿地的保护应服从考虑黄河防洪工程的要求,协调与河道整治和堤防建设的布局关系。

目前,黄河中下游河道湿地面临越来越严重的湿地保护问题,主要表现在湿地保护与农业格局和开发需求的矛盾增加,造成湿地植被斑块与黄河滩区农业斑块的镶嵌度日趋提高、农业景观的比例显著升高,并产生日趋严重的湿地生境多样性低和破碎化问题;另外,在黄河水量日趋减少和人工调度控制作用提高的前提下,洪漫湿地维持的水资源干扰因素增大,湿地萎缩和功能降低的水资源因素加剧;再者,有关湿地保护区规划划定时考虑问题不尽全面,未能充分考虑黄河防洪规划和防洪工程总体布局的要求,划定的部分核心区紧邻国家确定的黄河重点防洪工程,方案规划的不科学造成了防洪和湿地保护的人为矛盾问题。

根据实际观测、调查,参考自然保护区相关规划、研究成果,黄河中下游湿地主要是提供游禽类水生鸟类的栖息生境、产黏性卵鱼类如黄河鲤的产卵场,并提供汛期洪水的滞洪和水质净化功能。实现区域湿地的保护目标,解决滩区农业开发和湿地保护目标的协调问题,需要有关部门统筹考虑区域的自然功能和社会功能要求,在满足防洪的前提下,对湿地保护区和滩区迁安、滩区农业开发的空间结构布局,以及生态保护、农业开发土地面积的控制与协调等进行统筹规划。对于黄河中下游洪漫湿地生态系统良性演替的水资源保障问题,本研究已针对性地探讨和揭示了黄河河漫滩湿地生态补水与黄河水文情势的关系,在确保黄河防洪控制和滩区人居安全的前提下,可以通过优化水利工程调度和河道水沙控制条件综合整治的措施而得以改善。而针对保护区设置不尽科学和合理的问题,建议立项专题研究黄河堤防等防洪工程在黄河生态尤其是中下游河流、河漫滩湿地生态架构中的地位、生态学保护意义和作用,协调黄河生态保护与防洪布局之间的关系。此外,从河漫滩湿地生态目标、生境保护的角度,立项研究部分典型河段的自然保护区的调整问题。

黄河中下游河流洪漫湿地的主要生态保护功能,是提供天鹅等游禽类濒危保护水生鸟类的栖息生境。从动物生态学的专业观点,游禽类物种的栖息、觅食和繁殖、育幼生境主要是水域、维管束类草本湿生植被和部分低矮灌丛,而以乔木为主体的林地景观单元不属于其适宜的生境条件。黄河下游尤其是郑州、新乡和开封部分河段岸边堤防处的生态景观,一般为河床老滩阶地农田和防洪林生态类型,不适于游禽类生境要求,加之水工程维修和堤防道路的运行,噪声和灯光的干扰对保护性鸟类的影响极为显著,因此区内堤防建设区域基本不存在游禽等保护性鸟类的栖息生境。本研究在 GIS 技术支持下,根据鸟类保护生境的生态学分析资料,计算给出了自然保护区调离黄河重点堤防 200 m 后湿地的变化情况(见表9-12)。从表中可以看到,调整后自然保护区总面积和核心区的面积影响比例很小,从鸟类生境适宜性上初步分析,保护区调整后不会产生明显的生态不利影响,建议进一步立项开展专题生态研究工作,为自然保护区合理规划、局部调整及沿河洪漫湿地的保护提供决策依据。

表9-12　黄河下游湿地保护区调整后面积变化情况

湿地名称	湿地保护区减少总面积		核心区减少面积	
	减少量(hm²)	减少百分比(%)	减少量(hm²)	减少百分比(%)
郑州黄河湿地	751	1.98	0	—
开封柳园口黄河湿地	711	4.40	237	4.05
新乡黄河湿地	1 491	6.55	0	4.05

9.3.6　统筹综合治理目标,促进河口生态的保护与修复

流域水资源短缺和供需矛盾加剧是影响河口生态失衡的核心因素,而因河口经济发展,产生的土地利用方式改变、河流渠化与道路生态阻隔、工业污染等对生态系统的人为干扰,是目前河口湿地萎缩和功能退化的关键因素。河口的治理和生态保护要充分遵循河口演变与生态演替的自然规律,在以自然保护为主的原则下,在综合和系统考虑陆域、河流、湿地与海洋生态保护的基础上,对因水资源短缺而诱发的湿地生态失衡状况进行适度的人工修复。

湿地生态修复主要措施为贯彻自然保护为主和方案优先的原则,控制大规模河口生态的人工重建行为,通过流域水资源统一管理、黄河水量优化调度和河口地区水资源的合理配置,保证黄河河口生态敏感时段的基本环境流量。根据水资源条件和配置可能,制定不同规划水平年的河口湿地生态用水配置方案,优先保证现有流路附近黄河湿地的生态用水,结合黄河河口刁口河流路恢复过水试验的开展,补给刁口河流路湿地生态水量,逐步满足河口湿地、洄游性鱼类和近海海洋生物生境保护的淡水需求。

第10章 黄河鱼类水资源需求研究

10.1 河川径流及水质变化对鱼类的影响分析

从前面分析可知,黄河鱼类资源自20世纪80年代以来大幅度减少,鱼类种质资源数量减少约42%。鱼类资源及种类急剧减少除受不合理捕捞、大坝阻隔、栖息地破坏、气候变化因素影响外,河川径流条件的变化和水质恶化是导致黄河鱼类资源减少的重要原因。

10.1.1 河川径流对鱼类的影响

流量及流量过程对河流生态系统中的水生生物尤其是鱼类至关重要,是鱼类选择栖息地、繁殖、生长发育的决定性因素。Tennant观测了美国西部很多河流后,认为当河道内流量减少至年均流量60%以上时,水生生物的生存就会受到严重胁迫;Angela Arthington研究团队在观测澳大利亚Burnett河后认为,当河流年径流量减少20%、洪水量减少10%~30%时,河道内生物就要受到胁迫影响。究竟水量和水文情势变化会对不同代表性的鱼类产生何种程度的影响,现在还没有精确和系统的研究成果,但是已有的鱼类生理学研究成果可以阐明,鱼类产卵场形态和水流条件的改变,则是鱼类种群数量急剧削减、鱼类资源萎缩和个体物种消失的重要原因。当鱼类产卵生境的水流变化(如鱼类亲鱼性腺的水流速变化刺激、产卵场的水流、水位及河流形态、植被的关联)超出生理条件阈值时,鱼类就会产生繁殖过程的隔断,造成鱼类种群的萎缩或消失,并造成鱼类物种乃至资源的消亡。

利用实测资料绘制黄河典型断面1922年以来的径流过程变化情况(见图10-1~图10-3)。在过去的80多年中,头道拐、潼关和花园口断面在12月~次年4月的月均流量变化并不显著,而且由于1986年以后凌汛期槽蓄水量的增加,2~4月头道拐和潼关断面的月均流量甚至有所增大;中下游在维持鱼类产卵敏感时段(5~7月)内的流量和流量过程是有明显变化的,从生态学干扰的理论来分析,鱼类繁殖敏感时段的生境水量和水量过程的影响,是鱼类种群和资源萎缩的重要干扰因素。漫滩洪水发生频率的降低和利津断面各月流量大幅度减少,造成的黄河下游产黏性卵鱼类重要产卵场的破坏及河口洄游性鱼类洄游通道的破坏,是黄河下游黄河鲤、河口刀鲚等珍贵鱼类资源减少的重要原因。

10.1.2 水质对鱼类的影响

良好的水质是鱼类健康生长的必要条件,水污染是保护黄河鱼类面临的主要威胁因子,黄河水质直接影响着黄河水生生物的繁殖及栖息。《地表水环境质量标准》(GB 3838—2002)依据地表水水域环境功能和保护目标,规定Ⅱ类适用于珍稀水生生物栖息地、鱼虾类产卵场、仔稚幼鱼的索饵场等;Ⅲ类适用于鱼虾类越冬场、洄游通道、水产养殖

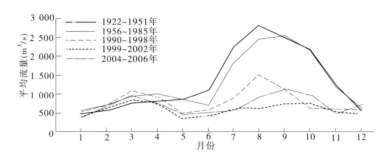

图 10-1　潼关断面 1922～2006 年实测月均流量过程线

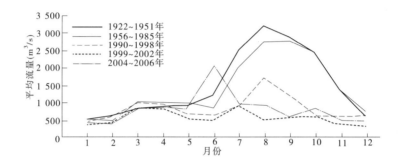

图 10-2　花园口断面 1922～2006 年实测月均流量过程线

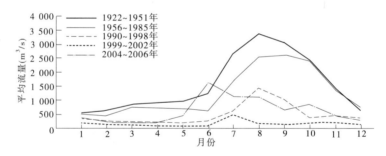

图 10-3　利津断面 1922～2006 年实测月均流量过程线

区等渔业水域及游泳区。

　　近 30 多年来,随着黄河河川径流的大幅度减少,伴随流域经济发展所导致的入黄废污水量大幅度增加,水质污染问题日渐突出。20 世纪 80 年代后期,黄河干流评价河段(循化以下河段,约 3 613 km)中Ⅳ类及劣Ⅳ类的河长占评价河长的 21.6%;90 年代后期以来,兰州以下大部分河段水质长期处于Ⅳ类水平,部分河段甚至达Ⅴ类或劣Ⅴ类,远未达到《地表水环境质量标准》(GB 3838—2002)所规定的鱼类用水水质标准,因此水质是影响该河段鱼类生长的重要影响因素之一。而 2004 年同类河长已占评价河长的 72.3%,枯水期水质更差,尤其是Ⅴ类及劣Ⅴ类河长的比例一直呈逐年上升势头,石嘴山、包头和潼关等河段的水质几乎常年处于Ⅴ类或劣Ⅴ类状态,有些河段水功能基本丧失。水污染加剧使本已十分紧缺的黄河水资源的利用价值严重下降,不仅影响到人类的生存和健康,同时也对河流生态系统造成严重危害。

10.2 黄河代表性鱼类生态习性分析

10.2.1 代表性鱼类识别

黄河干流不同河段保护鱼类种类很多(见表3-10),需要确定其中代表性的保护鱼类进行生态需水计算,选择的标准包括:①选择的鱼类是黄河流域不同区段的重点保护鱼类;②濒危程度较高,数量稀少;③目前在该河段还有生存个体或种群,可进行生物学监测;④最好具有溯河洄游习性。根据以上标准,结合调查结果,选取激流性、缓流性和喜静水性栖息鱼类,以及产漂流性卵鱼类、产黏性卵鱼类等种群,进行代表性鱼类筛选。筛选识别上游鲤形目鳅科的拟鲇高原鳅,上中游鲤形目鲤科的花斑裸鲤、大鼻吻鮈、北方铜鱼、兰州鲇、黄河鲤以及下游鲱形目鳀科的刀鲚等作为黄河干流不同河段的代表性保护鱼类(见表10-1)。

表 10-1 黄河干流各河段代表性保护鱼类

河段	重要保护鱼类	重要栖息地	代表性保护鱼类
龙羊峡以上	拟鲇高原鳅、极边扁咽齿鱼、花斑裸鲤、骨唇黄河鱼、黄河裸裂尻鱼、厚唇裸重唇鱼、黄河高原鳅等	黄河峡谷激流河段和较为宽阔回水湾,鄂陵湖、扎陵湖及其以上干支流及附属湖泊	拟鲇高原鳅
龙羊峡—刘家峡	极边扁咽齿鱼、黄河裸裂尻鱼、厚唇裸重唇鱼、花斑裸鲤、兰州鲇	水库库尾河段、支流河口	拟鲇高原鳅、花斑裸鲤
刘家峡—头道拐	兰州鲇、黄河鲤、大鼻吻鮈、北方铜鱼	中卫至石嘴山、三盛公至头道拐	大鼻吻鮈、北方铜鱼、兰州鲇、黄河鲤
头道拐—龙门	兰州鲇、黄河鲤	万家寨库区、天桥库区	兰州鲇、黄河鲤
龙门—小浪底	黄河鲤、兰州鲇	龙门至潼关、小浪底库区	黄河鲤
小浪底—高村	黄河鲤、赤眼鳟、草鱼	黄河郑州河段、伊洛河口	黄河鲤
高村—入海口	刀鲚、鲻鱼和梭鱼	黄河济南河段、东平湖口、黄河入海口	刀鲚

10.2.2 代表性鱼类生态习性

(1)拟鲇高原鳅。拟鲇高原鳅是鲤形目鳅科条鳅亚科高原鳅属,其濒危等级为易危。

拟鲇高原鳅分布于黄河青海段的干支流中,为高原鳅属鱼类中唯一的肉食性大型经济鱼类,属黄河上游土著鱼类和经济鱼类。该鱼类栖息于河流的底层,游动迟缓,常隐藏于石缝或沟坑中,可在河道和湖泊生长。以捕食小鱼为主,有时也食摇蚊幼虫或钩虾。对栖息水域有深度要求,年均水深 1~4 m,生境要求有一定宽度的河流水面。越冬需较大水深。产卵水域要求为较缓流型变化水体,产卵场的水流流速要求为 0.5~1.5 m/s,且需一定宽度的河流水面,需水流变化。繁殖季节为每年 7~8 月,产黏性卵。

(2)花斑裸鲤。花斑裸鲤是鲤形目鲤科裸鲤属,俗称大嘴鱼、湟鱼,主产于青海省玛多县内黄河段及扎陵湖、鄂陵湖等淡水湖泊,属黄河土著经济鱼类和高山区冷水性鱼类。以硅藻眼子菜、桡足类为主要食物,兼食摇蚊幼虫、轮藻、刚毛藻等,体长 222~530 mm。该鱼类栖息在高原宽谷河道之中,栖息于水的中层,对栖息水域有深度要求,年均水深 0.5~3 m,越冬需较大水深。生境和群体生长需 30 m 以上宽度的河流或河口、库湾等水面。其产卵场在扎陵湖、鄂陵湖、久治等黄河干流。每年 5 月下旬,在水深 1 m 左右的缓流处产卵,卵沉性。产卵场多以卵石、沙砾为底,水温 10 ℃ 左右,水流流速要求为 0.3~0.8 m/s,距岸边 5 m 水深小于 1 m,对产卵场水草条件有要求,冬季越冬需较大水深。

(3)大鼻吻鮈。大鼻吻鮈是鲤形目鲤科鮈亚科吻鮈属。国内仅分布于黄河水系,在宁夏见于青铜峡、银川、贺兰、平罗、陶乐和石嘴山等地。大鼻吻鮈是底栖杂食性鱼类,以底栖动物、水生昆虫、摇蚊幼虫、小鱼和有机物碎屑为食。大鼻吻鮈属于底层生活的洄游性鱼类,栖息于江河浅水、底质为泥沙或砾石的河床里,湖泊中比较少见。大鼻吻鮈的生态习性与北方铜鱼基本相同,亦有生殖溯游习性,每年 4 月上旬至 5 月上旬为繁殖季节,繁殖季节产卵场的水流流速要求为 0.7~1.5 m/s,产卵所需水温较低、产卵时间早,全年不停食。大鼻吻鮈丰满度和脂肪系数相对较高,以保证其过冬季后能较快进行繁殖,有利于其幼鱼和稚鱼的早期觅食,提高成活率。大鼻吻鮈受精卵呈白色透明状,卵圆形,无黏性,为漂流性卵。

(4)北方铜鱼。以兰州、宁夏青铜峡一带的中上游河段为多,属于黄河宁夏和甘肃一带的土著鱼类和珍贵经济鱼类,濒危等级为濒危。北方铜鱼属底栖性鱼类,常栖息于水底水流缓慢多沙砾处,水深 1.5~4 m。幼鱼食性较广,以浮游动植物、摇蚊幼虫和水生昆虫为食,成鱼主要食软体动物,兼食植物性饵料。开春溯游产卵,生殖期为 4~5 月。据 20 世纪五六十年代调查,北方铜鱼 5 月由甘肃靖远上下向兰州附近及其上游一带洄游,于 6 月产漂流性卵。产卵水域要求为较激流型变化水体,繁殖季节产卵场的水流流速要求为 1.3~2.5 m/s 且要求 50 m 以上宽度的河流水面。遇激流刺激满足其生殖条件时,即产卵于砾石上,受精卵随水漂流发育。当水温在 18 ℃ 以上,需 2~3 天始能破膜,7~8 天后,幼鱼可游水。由于过度捕捞、产卵场的破坏、水质恶化、大坝阻挡洄游通道等原因,目前这种珍贵的鱼种已经很难捕获到。

(5)黄河鲤。黄河鲤属鲤形目鲤科鲤亚科,因产于黄河而得名,是黄河著名的土著鱼种。黄河鲤是中下层杂食性鱼类,以高等植物及种子为食,其次为摇蚊幼虫和软体动物。喜栖息在流速缓慢、水草丰沛的松软河底水域。栖息地年均水深 1~4 m 及以下,生境和群体生长需 50 m 以上宽度的河流或河口、库湾等水面。主要栖息地为宁夏、内蒙古、陕西、山西天桥、河南、山东黄河河段,清明前后产卵,卵黏性,受精卵黏附于水草上,3~5 天孵化,2 年即长成。产卵最盛期是在水温 18 ~ 20 ℃,不能低于 12 ~ 13 ℃。产卵水域要求为静水或缓流型变化水体,繁殖季节产卵场的水流流速要求 0.5 ~ 1.5 m/s,河宽 50 m 以上,河岸边坡≤10°,岸边 5 m 范围内水深小于 0.5 m,岸边有水草。

(6)刀鲚。刀鲚是黄河河口重要洄游性鱼类,属浅海底层性鱼类,成鱼以虾和小鱼为主,亦食软体动物。平时栖息于河口咸淡水交互区域,每年 4 ~ 6 月进行溯河生殖洄游,5月上、中旬为最盛期,生殖季节从河口进入淡水,沿干流上溯至黄河下游产卵场作生殖洄游,成熟鱼群进入东平湖、支流或者在干流浅水弯道、流速较缓的地区产卵,受精卵漂浮于水的上层进行发育孵化,产卵后亲鱼分散在淡水中摄食,并陆续缓慢地顺流返回河口及近海,继续肥育,刀鲚的幼鱼也顺水洄游至河口区肥育,冬季不作远距离洄游,而是聚集在近海深处越冬。产卵期要求较急的水流条件,洄游群体对流速的要求为 0.7 ~ 1.4 m/s,对水深的要求为 1 ~ 3 m。

10.3　鱼类生态需水研究

10.3.1　研究河段

黄河径流条件变化(汛期大流量出现的概率减小、漫滩洪水发生频率降低等)、水质恶化、大坝阻隔、不合理捕捞等是黄河鱼类资源减少的重要原因。其中黄河兰州以上河段鱼类资源衰退的主要原因是工程阻隔、过度捕捞和因气候变化导致的栖息地破坏等,头道拐—龙门河段因受黄河泥沙等影响,鱼类区系组成极为简单,且数量较少。因此,暂不考虑以上两河段鱼类栖息地保护的需水分析,其余河段鱼类生态需水分析结合黄河干流主要控制断面进行。

根据黄河重要保护鱼类的栖息地分布,兰州以下需要重点关注的河段或水域是:卫宁段兰州鲇国家级水产种质资源保护区、青石段大鼻吻鮈国家级水产种质资源保护区、鄂尔多斯段黄河鲇国家级水产种质资源保护区、黄河洛川段乌鳢国家级水产种质资源保护区、郑州段黄河鲤国家鱼类种质资源保护区等水产种质资源保护区所在河段及禹门口—潼关河段、小浪底—花园口河段、东平湖以下河段。主要计算断面为下河沿、石嘴山、头道拐、龙门、潼关、花园口、利津。

10.3.2　研究方法

鱼类对水的需求主要包括两个方面。一是水量的需求,鱼类生存对水量变化敏感,其生长繁殖不仅需要一定的水量条件,而且多数鱼类在繁殖期需要一定量级的小洪水,才能使其到达岸边水草茂盛的地方进行产卵,尤其对于适宜静水产卵的鱼类;二是水流条件,鱼类产卵繁殖必须有足够的水流动力学条件,研究表明,河流水流速度影响水中溶解氧等水质参数,是鱼类正常产卵所需的重要环境因子。同时,鱼类生存还需要适宜的水深、水面宽等生境条件。由于目前人们尚没有对黄河鱼类的水力、生境条件进行过系统观测研究,因此鱼类生态需水主要依据其生长繁殖期所需的流速及洪水条件来确定。

鱼类生态需水是近几十年来国外环境流研究的重点。早在 20 世纪 40 年代,美国的生物学家们就开始关注河道内流量与鱼类生存状态之间的关系。70 年代,美国科学家 Donald Tennant 根据自己近 20 年收集的美国诸多河流的生物数据和水文数据,分析了河流的流速、水深、河宽等鱼类栖息地参数与流量的关系,提出了著名的河流生态流量计算的 Tennant 法,后被世界上 20 多个国家采纳。80 年代后期,西方国家广泛接受了河流生态需水概念,并开展了大量的研究和实践工作,发展了 200 多种计算方法,大体分为标准流量法、水力学法、以生物学为基础的栖息地模拟法和整体分析法等。这些方法思路大体相似,都认为河川径流与水生生物生存状况之间存在着线性关系,在低于某种流量水平时,水生生物将无法生存。

本研究运用鱼类生境法,采用长系列的水文资料,建立流速—流量关系,通过分析代表性鱼类生境指标与水流条件的关系,选择能够满足鱼类生境需求的水流条件,确定不同河段不同指示性鱼类最小和适宜生态流量及流量过程。

10.3.3 生态需水量

10.3.3.1 繁殖期需水量

黄河中下游河段是鱼类生境水流条件易受到人为干扰的区段,而不同鱼类栖息和繁殖对水量变化敏感程度是不一样的。多数静水缓流的鱼类和产黏性卵的鱼类,其繁殖期不仅需要一定的水量和水流条件,而且需要一定级别的小洪水,以满足索饵和产黏性卵附着与孵化的需要;多数鱼类产卵繁殖必须有足够的水流动力学条件和不同的成卵育幼水流环境。

青铜峡—石嘴山河段,主要保护鱼类多栖息于流水环境,产卵期一般在 4～5 月,5 月为繁殖盛期,水流流速要求 0.7～2.5 m/s;石嘴山—头道拐、龙门—花园口河段,主要保护对象多为静水鱼类,其中宁蒙河段鱼类产卵期一般在 5～6 月,5 月为繁殖盛期;龙门以下河段鱼类产卵期一般在 4～5 月,4 月下旬至 5 月上旬为繁殖盛期;产卵期流速要求不高,一般为 0.5～1.5 m/s,但要求水量淹没岸边水草,为鱼类顺利到达岸边水草丰盛处产卵提供条件;东平湖—河口河段,主要保护对象是河口洄游性鱼类,流速一般要求0.7～1.4 m/s。对静水繁殖的鱼类如黄河鲤、兰州鲇等,其产卵期对流速要求也不高,但 4～6 月淹及岸边水草的小流量级洪水对其产卵繁殖至关重要,小洪水不仅为这些鱼类提供了产卵的水流变化刺激,同时也为这些鱼类顺利到达岸边水草丰盛处产卵提供了基础条件。

黄河鱼类繁殖期一般在 4～6 月(生态需水研究河段),分析代表性保护鱼类生态习性,根据代表性保护鱼类对水深、流速等指标的一般需求,采用 1991～2005 年近 16 年非汛期(4～6 月)实测径流序列,建立黄河干流重要断面流速—流量关系,通过分析鱼类生境指标与水流条件的关系,选择能够满足鱼类生境需求的水流条件,确定不同河段的最小和适宜生态流量(见表 10-2)。

10.3.3.2 育肥期需水量

7～10 月为黄河鱼类的育肥期,此时期一定量级的洪水不仅对黄河鱼类生长至关重要,而且是沿黄湿地生态水量补给的主要方式,湿地依靠漫滩洪水得到充足的水分补充,鱼类靠漫滩洪水到食物丰富的洪漫湿地(滩地)觅食。

国内外研究表明,要保证鱼类正常生长发育,在鱼类育肥期内,每年至少应有 1～2 次一定量级洪水发生,时间不少于 10 天。

表 10-2 黄河鱼类生态需水量

断面		4~6月					汛期
		生态需水量 (m³/s)	平均流速 (m/s)	过水面积 (m²)	水面宽 (m)	最大水深 (m)	
下河沿	最小	260	0.71	370	187	3.1	一定量级洪水
	适宜	480	0.90	491	195	3.5	
石嘴山	最小	330	0.72	376	239	2.3	一定量级洪水
	适宜	470	1.01	464	252	2.8	
头道拐	最小	150	0.30	273	284	1.8	一定量级洪水
	适宜	230	0.50	495	326	2.3	
龙门	最小	180	0.72	176	195	1.2	一定量级洪水
	适宜	300/小洪水	1.00	293	195	1.9	
潼关	最小	200	0.70	252	295	2.1	一定量级洪水
	适宜	330	1.00	278	280	1.9	
花园口	最小	200	0.60	303	245	2.4	一定量级洪水
	适宜	320/小洪水	0.80	380	290	2.6	
利津	最小	150	0.63	270	120	4.2	一定量级洪水
	适宜	300/小洪水	0.90	318	160	4.7	

注:各断面生态需水量已进行了上下断面水流连续性处理。

10.3.4 生态需水满足程度

黄河鱼类对平均水深的要求在 1 m 以上,水面宽不低于 50 m,从表 10-2 可知,计算出的最小及适宜生态流量条件下各断面生境条件,如水面宽、水深、过水断面等均满足代表性鱼类产卵的要求。但鱼类繁殖期所需小洪水和育肥期所需一定量级的洪水满足程度较低。

对比黄河下游主要代表性断面 4~6 月实测流量、流速和水位资料(见图 10-4~图 10-9)可知,在鱼类繁殖季节,大部分断面水量、水深、流速等水流条件基本能满足鱼类产卵要求,但鱼类产卵所需的一定量级小洪水满足程度较低,利津断面尤为突出。

汛期一定量级洪水对沿黄湿地和鱼类至关重要,湿地依靠漫滩洪水得到充足的水分补充,鱼类靠漫滩洪水到食物丰富的滩地觅食、产卵等。但黄河干流各河段径流条件在过去的 20 多年中发生的最大变化是鱼类生长期(6~9 月)洪水量级和概率的减小。20 世纪 50 年代,黄河几乎每年都有漫滩洪水发生;1986 年以后,由于龙羊峡和刘家峡等干支流大型水库的调节、流域天然降水的减少和人类用水的增加,黄河兰州以下各断面径流条件均发生了很大变化,表现为汛期大流量洪水出现的概率和汛期水量大幅度减小(见

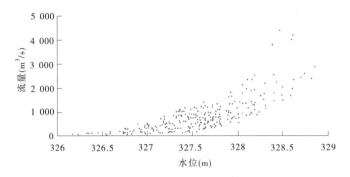

图 10-4　潼关河段流量—水位关系

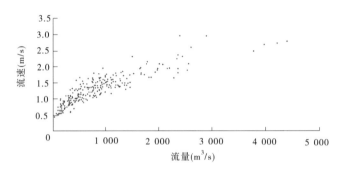

图 10-5　潼关河段流速—流量关系

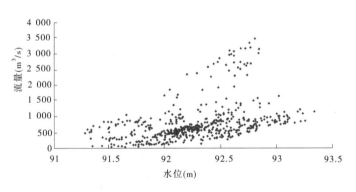

图 10-6　花园口断面流量—水位关系

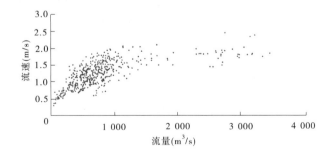

图 10-7　花园口断面流速—流量关系

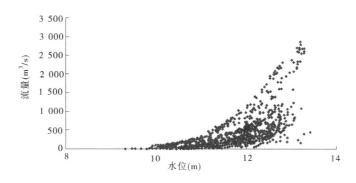

图 10-8 利津断面流量—水位关系

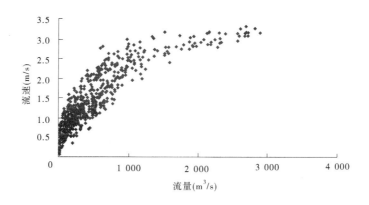

图 10-9 利津断面流速—流量关系

表 10-3 ~ 表 10-5),绝大部分河段的径流变化主要反映在汛期水量减少(5 ~ 10 月流量减少 50% ~ 70%),特别是对鱼类生长期觅食非常重要的一定量级的洪水概率大幅度减小,1986 年以来的 20 多年,中下游漫滩洪水只发生了 2 次,汛期黄河鱼类所需一定量级的洪水较难得到满足。

表 10-3 下河沿站各年代大于某流量级洪水年均出现天数统计 （单位:d）

时段(年)	≥1 000 m³/s	≥2 000 m³/s	≥3 000 m³/s	≥4 000 m³/s	≥5 000 m³/s
1951 ~ 1968	54.8	39.6	11.7	1.9	0.8
1969 ~ 1986	60.8	20.1	8.6	1.5	0.3
1987 ~ 2003	35.5	1.7	1.5	0	0

综合以上分析,可以得出以下结论:①黄河主要断面的鱼类最小生态需水量能得到满足,适宜生态水量除 5 月部分断面不能得到满足外,其他月份基本能满足;②枯水年主要断面 4 ~ 6 月低限生态水量基本能满足,部分断面适宜生态需水量较难满足,利津断面尤为突出;③鱼类产卵期所需小洪水、淹及岸边水草的流量过程及汛期所需一定量级的洪水等水文过程满足程度较低;④石嘴山、头道拐、龙门、潼关等断面多数时期达不到鱼类繁殖发育所需水质要求。

表 10-4　潼关站各年代大于某流量级洪水年均出现天数统计　　（单位:d）

时段（年）	≥1 000 m³/s	≥1 500 m³/s	≥2 000 m³/s	≥3 000 m³/s	≥4 000 m³/s	≥5 000 m³/s
1961~1969	106	89	74	45	19	7.3
1970~1979	90	65	44	19	7.5	2.5
1980~1989	93	64	46	20	7.6	2.3
1990~1999	53	26	11	2	0.5	0.2
2000~2004	27	13	8.4	2.4	0.2	0

表 10-5　花园口站各年代大于某流量级洪水年均出现天数统计　　（单位:d）

时段（年）	≥1 000 m³/s	≥1 500 m³/s	≥2 000 m³/s	≥3 000 m³/s	≥4 000 m³/s	≥5 000 m³/s
1950~1959	117	97	78	39	21	9.7
1960~1969	105	89	76	47	26	14
1970~1979	95	72	50	24	12	3.2
1980~1989	97	74	57	32	19	7
1990~1999	57	31	15	3.5	1.1	0.2
2000~2004	20	16	14	0.4	0	0

随着工业化和城市化进程加快,尤其是黄河流域能源重化工基地的快速发展,预计到2030 年,黄河流域经济社会发展对水资源的需求也将呈刚性增长,加之黄河还需向流域外引黄灌区及部分城市和地区远距离供水,在跨流域调水工程生效之前,水资源供需矛盾日益突出,鱼类生态需水满足程度将进一步降低。

10.4　黄河鱼类保护建议

（1）加强黄河水资源统一调度与管理,实施多目标生态调度,尽可能满足干流主要断面所需生态水量。加强流域水资源统一管理和调度,严格水量调度控制。在现有水量调度工作基础上,完善水量调度工程布局,强化全河水量调度与控制,将河道内生态用水纳入黄河水资源统一配置指标,实施多目标水库调度,保证黄河重要控制断面生态基流;优化水量调度过程,在确保黄河防洪安全前提下,尽可能提高关键期生态流量过程满足程度,使4~6 月有一定量级小洪水发生,以满足沿河河漫滩湿地植被发芽所需的水分条件和主要保护鱼类产卵所需的水流条件;在7~9 月,也有一定量级的洪水出现,以满足沿河河漫滩湿地植被生长所需水分条件和鱼类到滩地觅食所需水流条件。

（2）加强水功能区管理,严格控制污染物超标排放,有效实施入黄污染物总量控制制度,加大流域工业污染源治理和非点源污染控制力度,提高水质生物监测能力,逐步改善生态保护重点河段水环境质量,初步满足鱼类正常发育所需水质。

（3）加强对重要生态单元的水质监测，在常规水质监测体系中增加水生生物监测内容。重点加强对水功能区的保护区、保留区，水源涵养、生物多样性保护等生态功能区以及重要生态功能区的水质监测，在现有的黄河水质监测体系中增加水生生物监测内容。

（4）保护重点河段河流廊道连通性和水流连续性。在枯水年及特枯水年，协调生产、生活、生态用水，通过水资源的合理配置和统一调度，确保黄河不断流，维持黄河河流廊道的连通性和水流连续性，在一定程度上维系黄河上中下游的物质、能量、信息交流，保护河流生态系统的基本生态功能。合理规划黄河上游水电开发，在国家划定的保护区、保留区及限制开发区、禁止开发区内禁止或限制水电开发，保持重点河段河流廊道的连通性，保护重要生态保护目标。在服从黄河整体治理战略安排和防洪工程总体布局下，防洪工程、河道整治工程设计、实施时，在确保防洪安全前提下，兼顾河流生态保护，增加河流的横向连通性。

（5）加强黄河土著鱼类和珍稀濒危鱼类及栖息地保护，保护重点河段鱼类洄游通道，严禁在鱼类产卵场、沿黄洪漫湿地采沙。其中龙羊峡以上为黄河上游特有土著鱼类天然生境保留河段，限制水电资源开发，加强源区河流、湖泊、沼泽、草甸湿地保护，保护高原冷水鱼类繁殖、栖息环境；上游梯级开发较集中河段因地制宜采取增殖站、过鱼设施建设及外来物种监管等措施保护土著鱼类栖息地，对水电工程进行生态设计；中下游加强沿黄湿地植被保护，限制岸边带不合理开发和开垦，实施植被修复工程，生态保护重点河段堤防工程建设兼顾鱼类生境保护需求，保留一定宽度浅滩区域，保护鱼类产卵场；河口保持一定入海水量，保护河口鱼类洄游通道。

（6）加强土著鱼类物种资源保护，开展增殖放流，实施禁渔区和禁渔期制度，严格禁止不合理捕捞和过度捕捞，加强水产种质资源的保护与管理。

第 11 章 结论与展望

11.1 研究结论

(1)景观生态学理论与方法是研究分析河流生态景观结构、格局与异质性,进而提出河流各生态单元合理布局与保护方案的重要手段。

景观生态学是研究景观单元的类型组成、空间配置及其生态学过程相互作用的综合性学科,其核心内容是强调生态景观的空间异质性、等级结构和尺度在生态学格局与过程中的相互作用。从景观生态学的观点分析,黄河流域主要湿地和重要鱼类生境、黄河主要干支流河道、流域地貌植被,构成了典型的河流生态系统,主要表征为以河流为主体构建的生态廊道、以重要流域湿地集群和水生生物生境为重点缀块的生态斑块、以流域草地和农业耕地为主要基质组成的河流复合生态系统。

从河流生态系统的角度和应用景观生态学的观点,根据景观生态学的生态系统干扰和平衡理论,建立河流复合生态系统的研究平台,采用大尺度方法研究河流生态系统斑块—廊道—基质模式的稳定性和生态功能,探讨河流景观结构与格局的稳定和发展、景观结构生态异质性及干扰影响的控制问题;从流域层面上研究黄河健康和主要保护性湿地及重要水生生境的保护问题,提出河流各重要生态单元保护的适宜格局与保护策略,既是促进黄河健康目标实现的重要内容,也是未来河流生态系统保护的必然选择与要求。

(2)黄河流域横跨 4 个地貌单元、3 大地形阶梯,跨越干旱、半干旱、半湿润等多个气候带和温带、暖温带等多个温度带,形成了极为丰富的流域生境类型和河流沿线各具特色的生物群落。黄河流域大部分地区位于干旱、半干旱地区,水资源十分贫乏,水沙关系不协调,水污染严重,流域分布有世界上黄土面积最大的黄土高原,水土流失严重。在流域气候条件、水资源条件制约下,加之流域人类活动的频繁干扰,流域生态体系极度脆弱,对水土资源开发响应强烈。

黄河流域景观类型多样,河流廊道是流域陆地景观中最重要的廊道,黄河河流生态系统是流域生态系统的重要组成部分,黄河湿地是联系陆地生态系统和水生生态系统的桥梁与纽带,黄河许多土著或特有鱼类具有重要遗传与生态保护价值,湿地和鱼类栖息地是黄河河流生态系统的重要保护目标。

河流生态系统是流域生态系统重要的组成部分,河流廊道是流域陆地景观中最重要的廊道,具有物质传输、信息交流、提供栖息地等重要的生态学意义。黄河河流生态系统中,位于水陆交错带的湿地是联系陆地生态系统和水生生态系统的桥梁与纽带,具有保持物种多样性、涵养水源等重要生态功能。受流域地理、气候、水资源、人类干扰等因素影响,黄河水生生态系统简单而脆弱,但许多土著或特有鱼类具有重要的遗传与生态保护价值,是我国高原鱼类的资源宝库。

湿地和鱼类栖息地质量、数量是黄河河流健康的重要标志,国家相关部门从生物多样性、生境保护角度划定的湿地类自然保护区、水产种质资源保护区是河流生态系统重要的组成部分,是黄河流域和河流生态系统的重要生态保护目标。

(3)湿地是维护流域生态安全,尤其是水生态安全的重要基础,黄河流域湿地景观类型多样,生态功能各异,受黄河水沙资源变化、人类社会经济活动、气候变化等影响,1986～2006年流域及各区域湿地景观结构与格局发生了较大改变。

1986～2006年的20年间,流域湿地面积总体上呈萎缩趋势,减少了15.8%;湿地斑块个数增加,湿地破碎化程度加深;湿地结构发生了变化,面积比重较大的自然湿地减少,其中湖泊湿地减少24.9%,沼泽湿地减少20.9%,而面积比重较小的人工湿地增加了60.0%。

1986～2006年的20年间,黄河流域内共有58.91万hm^{2}湿地转变为非湿地,草本沼泽转变为草地或裸地、高寒草本沼泽转变为高寒草甸、河漫滩转变为耕地或荒地亦或建筑用地、盐沼转变为荒漠或沙地。

黄河源区是流域湿地的集中分布区,源区湿地是青藏高原乃至全国沼泽湿地的主要分布区,以沼泽湿地与湖泊湿地为主要类型,黄河源区湿地在涵养水源、维持生物多样性、确保流域生态安全等方面发挥着极其重要和不可替代的作用。1980～2006年,黄河源区湿地整体上以1.04%/a的速度急剧退化,高于全流域0.79%/a的退化速度,其中林灌沼泽动态度达到2.51%/a,其2006年面积不足1986年面积的50%。

上游湿地在维护区域生物多样性、改善区域生态环境、净化水质等方面发挥着重要作用,人工湿地在黄河上游占有一定的比重。上游湿地总体以0.64%/a的速度减少,略低于流域湿地退化速率。其中自然湿地中的盐沼、林灌沼泽、自然湖泊等类型湿地缩减速度高于该区域湿地退化速度的平均水平;人工湿地增加趋势明显,1986年蓄水区、坑塘水面的面积分别为5.98万hm^{2}和1.19万hm^2,2006年分别上升至7.37万hm^{2}和1.29万hm^2。水电开发、区域水资源不合理利用是上游湿地格局变化的重要原因之一。

黄河中下游湿地以河流湿地为主要构成部分,湿地的形成、发展和萎缩与黄河水沙条件、河道边界条件、水利工程建设等息息相关。中下游河道、洪漫湿地在滞蓄洪水、净化水质、提供鸟类迁徙和栖息及维持区域生物多样性与生态平衡等方面发挥着重要作用。近20年中,受人类活动、黄河水文情势变化等影响,黄河中下游湿地的萎缩最为强烈,仅中游河道及洪漫湿地就减少了8.53万hm^2。就湿地格局特征而言,该区湿地在20年间整体退化的过程中,湿地整体上依托河流这一廊道分布的格局特征愈发显著,湿地空间分布上趋向于集中。

黄河河口是流域湿地的又一集中分布区,近20年来,黄河河口湿地由于黄河促淤造陆作用,湿地面积总体上变化不大,景观破碎化水平相对较低,湿地景观保持着一定的自然状态。但随着人类干扰强度的增加,景观破碎化程度加深,湿地结构和组成发生了变化,人工湿地面积急剧增加,自然湿地面积减少。黄河水沙资源变化、人类活动干扰是黄河三角洲湿地景观格局演变的根本动力和主导因素。近年来,因实施黄河水量统一调度和黄河三角洲生态调度,黄河三角洲淡水湿地面积减少和功能退化问题有所缓解。

(4)黄河重要湿地空间格局呈现明显的纵向与横向异质性,不同区域湿地的空间异质性表现不同,源区湿地与下游及河口三角洲湿地空间异质性较大,上游宁蒙湿地异质性较小。

研究基于各分区内水资源条件,根据湿地功能重要性、位置分布,识别筛选流域内与黄河水资源关系较为密切的 17 块湿地作为黄河流域的重要湿地进行流域湿地的生态景观功能与格局分析。

从河源到河口随地形梯度和湿度梯度变化,湿地生态表现出明显的景观空间差异性。源区湿地斑块面积较大、斑块形状近似圆形或方形,面积占流域重要湿地总面积的71.56%,湿地植被独特,这些景观特征决定了源区湿地更有利于物种的保护及生物多样性的维持;中下游河道湿地则依黄河形态呈狭长带状分布,在流域尺度上表现为线形,上游湖库湿地因斑块面积较小,在流域尺度上,为点形零星分布于黄河上游,这两个区域湿地由于内部生境小、过渡特征明显,因此有利于边缘种的生存;河口湿地由于具有仅次于源区湿地的斑块面积、圆形或方形的湿地形状、海陆交汇的植被生态特征等,其生物多样性极为丰富,是我国生物多样性保护重要区。

从各水资源分区重要湿地保护区及保护区中湿地生态斑块占区内生态系统的比例关系来看,源区(D1)和下游(D7)分区的比例分别为 36.56%、5.50% 和 8.48%、4.70%,位居各分区前两位,属异质性较好的状态;各保护区总面积和其中湿地资源面积比较,湿地自然保护区比重最大的区域是黄河 D5、D6 水资源分区,这是由于其湿地类型主要为河流洪漫湿地,水面较大,其湿地斑块与水体廊道的连通程度相对最优,湿地景观和植被的优势度指数较高;D2 和 D3 分区宁蒙重要湿地保护区中的湿地生态斑块占其分区的比例分别为 0.15% 和 0.32%,从景观生态学的指标判断,其生态异质性属一般状况。

(5)黄河流域湿地景观模式稳定,景观类型丰富,景观功能多样,湿地斑块空间配置基本合理,流域湿地空间布局基本适宜。

从景观空间模式上看,流域湿地斑块、河流生态廊道、草地耕地和未利用土地形成的流域基质,构建了流域河流景观生态的体系构架,不同类型和特征的 17 个重要湿地缀块在黄河流域水系的连通下,形成了流域的空间景观格局。以景观空间结构进行分析,黄河流域分布有 18 种自然湿地、7 种人工湿地,湿地景观多样性丰富;从景观结构的构成来看,流域湿地以具有重要生态价值的水域湿地和沼泽湿地为主体,自然湿地占绝对优势,约为 93%。从景观空间配置来看,黄河源区湿地大缀块可以涵养水分,保护水体;河口湿地大缀块为脊椎动物提供核心生境和避难所,并为景观中的其他部分提供种源;上游小型斑块可作为物种传播和濒危物种的定居地,特别为边缘的小型、稀有物种提供生境;中下游河道湿地有廊道的生态作用,可作为物质流、能量流、信息流的载体。

(6)黄河流域湿地整体水资源支撑条件较差,各水资源分区水资源支撑条件差异较大,龙羊峡以上湿地是黄河重要水源涵养区,龙羊峡至兰州水资源支撑条件相对较好,其他分区水资源对湿地支撑能力有限。

龙羊峡以上区域水资源丰富,地表水资源量占流域总量的 34.39%,是黄河径流的主要产地,用水量在全流域中最低,仅占流域总用水量的 0.44%,本区湿地是黄河上游的重要涵养地,较大规模发育良好的湿地是本区水平衡的前提和基础,湿地补水对本区水资源起支撑作用;龙羊峡至兰州大部分地区植被较好,水资源丰富,地表水资源量占流域总量的21.87%,为黄河径流的另一主要产地,水资源条件对湿地保护具有良好的支撑能力;其他水资源区水资源对湿地保护支撑条件有限,尤其是兰州至河口镇是黄河流域最干旱的地区,地表水资源量仅占流域总量的2.92%,但其用水量在全流域中最高,所占比例高达43.45%,湿地保护的水资源条件较差。

(7)典型湿地的功能分析及水资源需求研究表明,源区湿地及其演变与源区湿地产流量存在明显的相关关系,上游湖泊湿地对外部水资源需求较大,需要依赖特别的补水,河漫滩湿地需要黄河一定量级的洪水补给。

源区湿地具有巨大的涵养水源与调蓄水资源的作用,湿地规模、格局及其变化对区域水循环和水文过程具有重要影响,研究表明,1986~2006年,源区湿地总面积减少量达到27.28万 hm^2,减少了约20.99%,其中沼泽湿地减少比例为20.70%,湖泊面积减少比例为25.47%。1986~2006年,源区降水量基本上没有发生大的变化,年降水量在500 mm左右,而同时期径流量则呈下降趋势,全年径流量从1986年的200亿 m^3 减少到2006年的143亿 m^3,枯水期径流量减少更为明显,减少约13%。

上游湖泊湿地位于西北内陆干旱区,地表水和地下水严重不足,湿地耗水量大,是黄河中下游各主要用水目标间的竞争性用水对象。其中,乌梁素海湿地生境修复的需水计算表明,现状水资源条件并不能满足湿地代表性鸟类生境的生态需求,区域湿地功能维持的水量条件,已成为湿地维持和功能构建的最主要生态干扰因素,该区域湿地资源面临进一步退化的风险。该区湿地位于全国农产品提供生态服务区,应根据生态水配置的可能实施区域重要湿地的重点保护和适度生态修复,严控忽视水量的支撑基础而过度进行规模扩张。

一定量级的洪水是中下游河漫滩湿地水分的主要补给来源,是其演变的主要因素之一,研究表明,维持中下游洪漫滩湿地正常发育需要每2~3年一次的一定量级洪水。

(8)黄河河口湿地是我国主要江河河口中最具重大保护价值的生态区域之一,受黄河来水来沙减少、人为干扰等因素影响,河口淡水湿地面积严重萎缩,需要人工引水补给才能维持其生态功能的正常发挥。

针对以往生态需水大多采用传统的水力学或生态学计算方法,较少考虑生态系统的完整性、景观的多样性及生态结构的适宜性。本研究集合生态、水文、水资源、土壤、植物生理、鸟类生态学等学科知识和专家知识,建立了黄河三角洲湿地生态补水水力学 – 地下水模型,以及湿地补水的景观生态决策支持系统,形成了一体化的河口湿地生态需水水文 – 生态模拟系统,在此系统的支持下,通过河口地区植被类型、土地利用演变及现状分析,考虑黄河水资源的实际等因素,确定了河口湿地的合理规模及生态需水量,对湿地补水后生态效果进行了评价。

研究表明,黄河三角洲湿地生态补水的湿地规模约为236 km^2,在此规模下,生态需水的范围为2.78亿~4.17亿 m^3。实施生态补水后,黄河三角洲湿地植被盐生演替系列和湿生演替系列都呈顺向发展趋势,光板地、盐碱地、滩涂等面积减少,湿生沼泽、水域等湿地面积增加。作为珍稀鸟类重要栖息地的芦苇湿地面积从现状的10 000 hm^2 增加至22 000 hm^2,翅碱蓬滩涂生境从现状的4 500 hm^2 增加至7 000 hm^2,指示性物种丹顶鹤、白鹳、黑嘴鸥适宜生境面积增加明显。

实施生态补水后,指示物种数量显著增加,生态承载力得到大幅度提高,三种实施方案的丹顶鹤数量由现状的 30 对分别增加到 209 对、211 对和 227 对,繁殖期东方白鹳数量由现状的 45 对分别增加到 361 对、378 对和 446 对。

随着湿地植被的顺向演替和鸟类栖息地质量的提高,湿地整体功能得到了有效恢复,湿地生态价值明显提高。当补水 2.78 亿 m³/a(预案 A)时,湿地生态价值基本上恢复到 1992 年水平,约为 157 亿元;补水 3.49 亿 m³/a(预案 B)时,湿地总价值达到 159 亿元;补水 4.17 亿 m³/a(预案 C)时,湿地价值继续增加,达到 163 亿元。

根据补水生态效果评价可知,实施生态补水后,湿地生态功能得到了有效恢复,湿地补水生态效益显著,但湿地补水量与湿地生态质量并不具有良好的线性关系,当湿地补水量增加到一定程度时,补水生态效益增幅减小。这说明湿地生态系统良性循环对水文情势有自己的需求规律,并非水量越大越好,黄河三角洲湿地补水存在一个适宜范围。

(9)采用层次分析法(AHP)对黄河重要湿地进行评价,黄河源区湿地与河口湿地生态功能综合指数最高,为黄河优先保护湿地,中、下游洪漫湿地为次优先保护湿地,其他湿地为黄河一般保护湿地,不同保护级别的湿地应根据湿地保护功能价值、区域水资源支撑条件等,协调社会经济发展,站在维持流域与河流生态健康的高度,合理地进行湿地规划与保护。

本研究在流域水资源管理和保护的原则框架下,分析流域湿地水资源支撑和干扰的生态学机制,针对黄河流域湿地生态特征,从湿地的生态服务功能、湿地的生态保护功能和湿地资源功能中筛选出 16 个主要指标,进行黄河湿地的生态评价。湿地综合评价结果表明,黄河源区湿地和河口湿地综合指数为 3~4 分,位于全国水源涵养重要区和生物多样性保护重要区,两区域有国际重要湿地 2 处,中国重要湿地 6 处,国家级自然保护区 3 处,应列为黄河优先保护湿地;黄河中游湿地综合指数为 2~3 分,下游湿地综合指数为 1.6~2.0 分,部分湿地位于黄河洪水调蓄三级功能区,应列为黄河次优先保护湿地;其他湿地综合指数均在 2 以下,为黄河一般保护性湿地。

黄河湿地的维持与水资源条件密切相关。在流域水资源供需矛盾日趋尖锐的形势下,必须充分考虑流域和区域水资源的支撑能力与干扰影响,统筹考虑黄河湿地的保护和修复工作。要根据流域生态保护的总体要求和水资源配置可能,在科学构建流域总体和系统的生态保护体系框架下有序开展。大力强化河源和河口三角洲等流域特殊敏感与极重要湿地的保护;在流域宁蒙河段缺水地区,要依据水资源的条件适度修复湿地的生态功能,防止忽视水资源的综合承载能力而实施大规模的湿地重建和面积扩张,保护黄河河套地区和流域生态的平衡;要根据黄河防洪和河流综合治理的原则要求,强化下游河道多目标的协调与保护,改善河道洪漫湿地的生态状况。

不同区域湿地保护的建议:①实施流域生态的总体规划下的系统保护;②坚持以自然保护为主和适度人工修复的湿地保护原则;③加强黄河源区等水源涵养湿地的保护;④实施黄河上游重要河道外湿地的合理规划和保护;⑤实现防洪安全下的黄河洪漫湿地生态保护;⑥统筹综合治理目标促进河口生态的保护与修复。

(10)黄河鱼类的保护目标主要是黄河源区与上游的土著鱼类以及具有重要种质或经济资源价值的鱼类,除大坝阻隔、不合理捕捞等原因外,水污染、水文情势变化是影响黄河鱼类的重要因素。加强黄河水资源统一调度与管理,实施生态调度,加强水功能区管理,严格控制污染物超标排放,改善重点河段水环境质量等是黄河鱼类保护的重要措施。

根据野生动物保护和水生生物资源养护的要求,研究将列入濒危鱼类保护名录,具有保护价值的黄河土著鱼类,具有重要种质或经济资源价值的黄河鱼类列为黄河鱼类保护目标,并将其重要产卵场、洄游通道列入保护生境。在分析各典型鱼类栖息生境水流要求和产卵孵化环境特性的基础上,对维持典型鱼类生命史最关键产卵场生境的水资源条件研究表明,除黄河河口外,其他河段繁殖期鱼类所需生态水量基本能够得到满足,但由于黄河水流的均匀化,鱼类繁殖期所需小洪水和生长期所需的一定量级的洪水条件多数情况下难以得到满足,黄河石嘴山、头道拐、龙门、潼关等断面多数时期达不到鱼类繁殖发育所需水质要求。

黄河鱼类的生态保护措施主要有:加强黄河水资源统一调度与管理,实施多目标生态调度,尽可能满足干流主要断面所需生态水量;加强水功能区管理,严格控制污染物超标排放,实施入黄污染物总量控制制度,提高水质生物监测能力,改善水环境质量;合理规划上游梯级开发布局,保护重点河段河流廊道连通性和水流连续性;加强黄河土著鱼类和珍稀濒危鱼类及栖息地保护,其中龙羊峡以上限制水电资源开发,加强源区湿地保护,上游梯级开发较集中河段因地制宜采取增殖站、过鱼设施建设及外来物种监管等措施保护土著鱼类物种资源,中下游加强沿黄湿地植被保护,实施植被修复工程,河口保持一定入海水量,保护河口鱼类洄游通道;加强鱼类物种资源保护,开展增殖放流,实施禁渔区和禁渔期制度,加强水产种质资源的保护与管理。

11.2　展　望

根据我国新时期发展要求,水利部提出了治水新思路,由过去的工程水利向资源水利转变,向民生水利、生态水利转变。建设生态文明对河流治理开发与管理提出了新的更高要求,认识河流自然演变规律,准确把握河流生态系统自身承载能力,正确处理人与自然、人与河流之间的关系,维护河流健康、保持水生态平衡,是生态文明建设的前提和基础,是落实科学发展观、贯彻"人与自然和谐相处"的治水理念、践行"可持续发展水利"、实行"最严格的水资源管理制度"等新时期治水方针的重要内容,也是水资源保护部门的重要职责,对推动流域水资源保护事业发展具有重要意义。

黄河流域是中国水资源最为紧缺、供水矛盾最为突出、生态环境最为脆弱的地区之一,黄河是中国乃至世界上最为复杂难治、治理保护任务最为艰巨的河流之一。随着流域社会经济的发展和人口的增加,人类对于河流的干预和影响日益加剧,黄河水资源与水生态问题也愈加突出,黄河河流生态系统受到的胁迫越来越大,出现了河道断流、湿地萎缩、水质污染、生物多样性锐减等一系列严重的生态失衡问题,这对黄河流域水资源可持续利用和社会经济可持续发展造成了严重影响。因此,亟须深入研究黄河河流生态系统自身演变规律及其与水资源、人类社会活动等之间的相互关系,实施黄河功能性不断流调度,保障河流生态基本平衡和良性发育,最终实现维持黄河健康生命的终极目标。

目前,关于河流生态系统演变规律相关方面的研究仍然是一个新的课题,是黄河科学研究中的薄弱点和空白点,无论是在理论的系统性、实践的广泛性,还是工作开展的支撑条件等方面还有大量工作要做。黄河特殊的水沙关系、复杂的流域社会经济背景、严峻的水生态问题,使黄河河流生态系统的保护与修复与其他江河相比面临更大的难度和挑战。为此,迫切需要开展黄河河流生态系统演变规律研究,针对黄河治理开发与管理事业中急需解决的关键问题,开展前瞻性、战略性、应用性的基础研究,为水利事业的可持续发展和维持黄河健康生命提供宏观决策支持和强有力的技术支撑。

未来一段时间黄河河流生态研究的方向主要有以下几方面。

11.2.1　水生态监测与评价

我国水生态监测与评价起步较晚,迄今国内尚未形成统一的河流水生态监测与评价体系。黄河水少沙多,水生生物贫乏,但黄河水生态监测体系与水生态健康评价基本上处于空白。随着人与自然和谐相处、水利部可持续发展治水新思路等新理念的提出及社会文明的不断进步,河流开发利用的思路也在不断发生着变化,维持河流健康生命、实现人水和谐已成为广大水利工作者的共识,而开展维持河流健康生命的规划、科研、管理等亟须了解河流生态系统的本底状况及演变规律,水生态监测及评价则是进行这些诸多工作的基础。主要包括:

(1)水生态监测技术研究。包括水生态监测指标体系构建、代表性生物选择、代表性生物生理生态学研究、生态结构指标体系构建、水环境生态学、水生态监测数据库建设、水生态监测信息发布与共享平台建设研究等内容,构建科学合理的水生态监测体系与信息管理系统。

(2)水生态评价指标体系研究。包括河流健康科学内涵、河流健康水生态评价指标、评价方法、评价标准、参照状态,水生态评价指标体系构建,河流水生态健康评价规范研究以及相关法律法规立法建议研究等。

11.2.2　河流及湿地景观生态演变与规划

有关河流、湿地景观演变规律多集中于某些具体河段、支流或某些湿地,对于全流域湿地景观生态演变由于资料的缺乏等而鲜有研究。在黄河河流生态系统中,流域管理者和生态学家所关心的生态问题主要是与河流水域有密切关系的河流沼泽湿地和代表性水生生物的保护问题。从各区域生态建设角度分析,黄河流域内湿地景观格局的恢复和重建,在中小生态尺度上将产生重要的生态学意义,但面对水资源极度匮乏的黄河生态系统,必须充分考虑黄河水资源条件和变化的生态系统干扰因素。从流域景观生态系统保护的角度,研究黄河湿地生态景观的演变,分析其变化的趋动力,可以为黄河湿地的适宜生态景观格局以及合理规模研究提供重要的基础与依据,也是实现黄河水资源优化管理和维持黄河健康生命而需攻关研究的技术问题。

今后一段时间内黄河河流、湿地景观演变需要深入研究的重点方向是:

(1)黄河湿地景观演变规律。包括湿地分布、格局、空间异质性、近几十年的演变趋势、演变趋动力等,重点放在源区、河口湿地景观演变规律及其趋动因素上分析。

(2)黄河湿地适宜景观格局研究。包括湿地斑块的主要类型、成因和生态系统的稳定机制、湿地斑块、黄河干流廊道和流域基地模式间的空间格局生态适宜性、黄河上中游现有和重建湿地规模与功能的生态学意义，以及流域水资源可实现的支撑条件。

（3）黄河湿地适宜保护规模研究。包括湿地生态功能分析、湿地生态价值评估、湿地与河流关联度分析、湿地水资源需求及其响应关系研究、区域水资源可支撑条件分析、湿地保护优先序研究等。

11.2.3　环境流评价与管理

目前，环境流的研究国内外均开展较多，研究水平也较高，对于环境流概念、研究方法等也基本上达成了一致。有关黄河流的研究目前也开展较多，且研究成果在水资源统一管理与调度中得到了应用，在某些方面取得了一定的突破。但是与国外相比，黄河环境流的研究在理论、方法，尤其是在实践操作上还有很大的差距。

今后黄河环境流的研究方向主要有：

（1）黄河河道湿地需水规律及其与水资源响应关系研究。包括黄河河道湿地形成、演变、生态功能定位，与河流水资源响应关系，生态需水方式、规律及生态需水满足方式与评价研究等内容。

（2）黄河口及近海区域生态需水规律及评价研究。包括河口湿地合理保护规模、结构格局、河口湿地生态价值评估与生态功能分析、河口及近海区域生态保护目标判定、近海水生生物生态需水规律研究、与河口其他需水之间的关系、以后河口及近海生态需水评价等内容。

（3）环境流实施方案与跟踪监测评价研究。包括环境流确定协商机制、环境流规范编制、环境流实施方案制定、环境流跟踪监测评价技术与方法研究以及有关环境流法律、法规的建议等。

（4）黄河下游及河口生态调度技术与效益评估。包括黄河下游及河口生态需水与其他用水协调耦合机制、水资源生态调度方案、生态补水评价指标体系构建、生态调水效果评估及生态调度优化方案设计等。

11.2.4　河流生态修复及综合管理

有关河流生态修复目前是国内外研究的热点，相关的研究成果也较多，但多集中于一些小型河流或局部河段（如城市河流等），对于大河及流域生态修复由于缺少理论与方法的支持及问题的复杂性较少开展。大江大河的生态修复应按照微观与宏观相结合、局部与整体相结合且微观服从宏观、局部服从整体的原则进行，而河流生态调度及综合管理正是宏观、整体地进行河流生态修复的最佳方式。

今后一段时间内黄河生态修复研究方向主要有：

（1）黄河生态调度方案研究。包括黄河生态保护目标识别，大型水利枢纽生态影响分析、运行方式分析，水库多功能调度及目标耦合，兼顾生态保护的黄河水库多目标联合调度实践与示范研究，典型水库调度的生态响应及生境推绎研究等内容。

（2）多条流路行河对黄河口生态系统演变规律影响研究。包括来水来沙、人类活动及流路变化对黄河口生态系统影响研究，河口湿地生态系统演变规律、趋动因素分析，刁口河行河对湿地生态系统结构、功能、价值的影响，以后适宜的生态补水方式研究等内容。

（3）黄河三角洲湿地景观生态规划及生态良性维持对策措施研究。包括三角洲湿地适宜生态结构、布局、规模及规划方案研究，三角洲湿地生态修复技术、对策措施研究，以及自然保护区生态保护与管理研究。

（4）黄河流域与水有关的生态补偿方案研究。包括生态补偿类型、生态补偿标准、生态补偿方式、生态补偿评估与仲裁协商机制、生态补偿法律法规建设等内容，近期重点研究三江源水源涵养与保护区生态补偿方案、跨界水污染生态补偿方案及山西煤田开采生态补偿方案等内容。

深入开展黄河河流生态系统研究，需要有关部门及管理者提供大力的支持，主要有：①提高河流管理者、决策者及公众的生态保护意识，真正尽到河流的代言人的职责，让更多的团体及公众参与到河流生态保护中来；②做好流域及河流综合规划，突出黄河河流生态保护在流域规划中的地位与作用；③加大河流生态保护的科研投入；④加大河流生态保护人才的培养等。

附表 黄河流域主要自然保护区一览表

序号	省区	保护区名称	所在行政区域	总面积（hm²）	主要保护对象	GB类型	级别	始建时间（年-月-日）	主管部门
1	宁	六盘山	西吉县	26 667	水源涵养林及野生动物	森林生态	国家级	1982-05-09	林业
2	宁	党家岔	西吉县	4 100	湿地生态系统及野生动植物	内陆湿地	省级	2002-12-01	其他
3	宁	南华山	海原县	20 100	水源涵养林及野生动植物	森林生态	省级	2004-12-13	林业
4	宁	西吉火石寨	固原市	9 795	地质遗迹及野生动植物	地质遗迹	省级	2002-12-01	其他
5	宁	云雾山	固原市	4 000	干旱草原生态系统	草原草甸	省级	1982-04-01	农业
6	宁	青铜峡库区	青铜峡市	19 500	湿地生态系统	内陆湿地	省级	2002-07-01	环保
7	宁	罗山	同心县	33 710	水源涵养林	森林生态	国家级	1982-07-01	林业
8	宁	哈巴湖	盐池县	84 000	荒漠生态系统、湿地生态系统	荒漠生态	国家级	2003-03-01	林业
9	宁	石峡沟泥盆系剖面	中宁县	4 500	泥盆系、第三系地质剖面及古生物群	地质遗迹	省级	1990-02-28	国土
10	宁	沙坡头	中卫县	13 722	自然沙漠植被及人工植被、野生动物	荒漠生态	国家级	1984-09-01	林业
11	宁	沙湖	平罗县	5 580	湿地生态系统及珍禽	内陆湿地	省级	1997-01-27	其他
12	宁	白芨滩	灵武市	74 843	天然柠条母树林及沙生植被	荒漠生态	国家级	1985-01-04	林业
13	宁	贺兰山	银川市	206 266	森林生态系统、野生动植物资源	森林生态	国家级	1982-07-01	林业
14	青	三江源	玉树州、果洛州等	4 210 000	珍稀动物、湿地、森林、草甸、冰川等	内陆湿地	国家级	2000-05-01	林业
15	青	祁连山	海北藏族自治州	834 700	湿地、冰川、珍稀动植物及森林	森林生态	省级	2005-12-01	林业
16	青	孟达	循化撒拉族自治县	17 290	森林生态系统及珍稀生物物种	森林生态	国家级	1980-04-01	林业
17	青	大通北川河源区	西宁市	198 300	森林生态系统	森林生态	省级	2005-10-01	林业
18	甘	尕海—则岔	碌曲县	247 431	候鸟等野生动物、石林	野生动物	国家级	1995-10-01	林业
19	甘	玛曲青藏高原土著鱼类	玛曲县	27 416	土著鱼类及其生境	野生动物	省级	2005-01-01	农业
20	甘	黄河首曲	玛曲县	37 500	珍稀鸟类及生境	野生动物	省级	1992-01-01	林业
21	甘	文县大鲵	选部县	20 308	大鲵及其生境	野生动物	省级	2003-01-01	农业

续附表

序号	省区	保护区名称	所在行政区域	总面积(hm²)	主要保护对象	GB类型	级别	始建时间(年-月-日)	主管部门
22	甘	多儿	迭部县	55 275	大熊猫及其生境	野生动物	省级	2003-01-01	林业
23	甘	白龙江阿夏	迭部县	135 536	大熊猫及其生境	野生动物	省级	2003-01-01	林业
24	甘	洮河	卓尼县	470 017	森林生态系统	森林生态	省级	2004-01-01	林业
25	甘	莲花山	卓尼、康乐县	11 691	森林生态系统	森林生态	国家级	1982-12-01	林业
26	甘	黄河三峡湿地	永靖县	19 500	湿地生态系统及水生动植物	内陆湿地	省级	1995-01-01	林业
27	甘	刘家峡恐龙足迹群	永靖县	1 500	恐龙足迹化石	古生物遗迹	省级	2001-11-01	国土
28	甘	太子山	康乐县	84 700	水源涵养林及野生动植物	森林生态	省级	2003-09-01	林业
29	甘	岷县双燕	岷县	64 000	森林、自然景观	森林生态	省级	2000-03-01	林业
30	甘	秦岭细鳞鲑	漳县	25 330	细鳞鲑及其生境	野生动物	省级	2004-06-01	农业
31	甘	贵清山	漳县	1 400	野生动植物资源	野生动物	省级	1992-01-01	林业
32	甘	仁寿山	陇西县	520	森林生态系统	森林生态	省级	1997-01-01	环保
33	甘	太统—崆峒山	平凉市	16 283	山地落叶阔叶次生林、文化遗址	森林生态	国家级	2001-11-01	林业
34	甘	寿鹿山	景泰县	10 875	森林生态系统及野生林麝物种	森林生态	省级	1980-07-01	林业
35	甘	黄河石林	景泰县	3 040	地质遗迹	地质遗迹	省级	2001-03-01	其他
36	甘	铁木山	会宁县	749	森林及天然灌木、灰雁	森林生态	省级	1993-09-01	林业
37	甘	哈思山	白银市辖区	8 400	森林及云杉、油松	森林生态	省级	2002-01-14	林业
38	甘	崛吴山	白银市辖区	3 715	天然次生林	森林生态	省级	2002-01-14	林业
39	甘	兴隆山	榆中县	33 301	森林生态系统	森林生态	国家级	1988-05-09	林业
40	甘	连城	永登县	47 930	森林生态系统及祁连柏、青杆等物种	森林生态	国家级	2001-04-13	林业
41	陕	洛南大鲵	洛南县	5 715	大鲵及其生境	野生动物	省级	1999-04-01	其他
42	陕	黄龙铺—石门地质剖面	洛南县、蓝田县	100	远古界岩相地质剖面	地质遗迹	省级	1987-01-01	国土

续附表

序号	省区	保护区名称	所在行政区域	总面积（hm²）	主要保护对象	GB类型	级别	始建时间（年-月-日）	主管部门
43	陕	府谷杜松	府谷县	6 368	杜松林	森林生态	市级	1982-01-01	林业
44	陕	神木臭柏	神木县	7 902	臭柏林	森林生态	县级	1976-01-01	林业
45	陕	红碱淖	神木县	21 700	湿地及珍禽	内陆湿地	县级	1996-01-01	林业
46	陕	榆林臭柏	榆林市榆阳区	25 966	臭柏群落	森林生态	市级	2000-01-01	林业
47	陕	黄龙山	黄龙县	35 563	金钱豹、金雕等珍稀野生动物	野生动物	省级	2004-01-01	林业
48	陕	黄龙山褐马鸡	黄龙县、宜川县	60 439	褐马鸡及其生境	野生动物	省级	1998-11-01	林业
49	陕	柴松	富县	17 640	金钱豹、金雕、黑鹳等野生动物	野生动物	省级	2004-01-01	林业
50	陕	子午岭	富县	40 621	森林生态系统	森林生态	国家级	2001-11-01	林业
51	陕	雷寺庄褐马鸡	韩城市	60 439	褐马鸡及其生境	野生动物	省级	2001-01-01	林业
52	陕	合阳黄河湿地	合阳县	57 348	湿地生态系统、珍禽	内陆湿地	省级	1996-02-01	林业
53	陕	大荔沙苑	大荔县	5 000	荒漠生态系统	荒漠生态	县级	1999-12-02	环保
54	陕	爷台山	淳化县	10 000	金钱豹、锦鸡、水曲柳等野生动植物	野生动物	市级	2003-01-01	林业
55	陕	石门山	旬邑县	30 049	森林生态系统	森林生态	省级	2000-07-02	环保
56	陕	翠屏山	永寿县	19 200	森林生态系统	森林生态	市级	2003-01-01	林业
57	陕	牛尾河	太白县	13 492	大熊猫、金丝猴等野生动物	野生动物	省级	2004-01-01	林业
58	陕	太白洛水河	太白县	5 343	大鲵、细鳞鲑、哲罗鲑等水生动物	野生动物	省级	1990-05-01	农业
59	陕	太白山	太白县、眉县、周至县	56 325	森林生态系统、自然历史遗迹	森林生态	国家级	1965-09-09	林业
60	陕	千湖湿地	千阳县	7 156	湿地生态系统及其生境	内陆湿地	省级	2006-01-01	林业
61	陕	秦岭细鳞鲑	陇县	6 559	细鳞鲑及其生境	野生动物	国家级	2004-01-01	水利
62	陕	黑河湿地	周至县	13 126	湿地生态系统	内陆湿地	省级	2006-01-01	林业
63	陕	黄柏塬	周至县	21 865	大熊猫为主的野生动物资源	野生动物	省级	2006-01-01	林业

续附表

序号	省区	保护区名称	所在行政区域	总面积（hm²）	主要保护对象	GB类型	级别	始建时间（年-月-日）	主管部门
64	陕	老县城	周至县	12 611	大熊猫及其生境	野生动物	省级	1993-01-01	林业
65	陕	周至金丝猴	周至县	56 393	金丝猴等野生动物及其生境	野生动物	国家级	1988-05-09	林业
66	陕	泾渭湿地	西安市灞桥区	6 353	湿地及水禽	内陆湿地	省级	2001-11-01	林业
67	川	日干桥	红原县	107 536	高山草地	草原草甸	市级	2000-01-01	林业
68	川	喀哈尔乔湿地	若尔盖县	222 000	高原湿地生态系统	内陆湿地	县级	2003-01-01	林业
69	川	包座	若尔盖县	143 848	湿地及野生动植物	内陆湿地	县级	2003-01-01	林业
70	川	铁布	若尔盖县	20 000	梅花鹿等珍稀动物	野生动物	省级	1965-01-01	林业
71	川	若尔盖湿地	若尔盖县	166 571	高寒沼泽湿地及黑颈鹤等野生动物	内陆湿地	国家级	1994-08-18	林业
72	川	严波也则山	阿坝县	442 519	珍稀野生动物	野生动物	市级	2001-01-08	林业
73	川	曼则唐	阿坝县	165 874	湿地及珍稀野生动植物	内陆湿地	省级	2001-06-08	林业
74	豫	温泉	济源市	163	岩溶温泉	地质遗迹	市级	1999-03-01	国土
75	豫	太行山猕猴	济源,焦作,新乡	56 600	猕猴及森林生态系统	野生动物	国家级	1998-08-18	林业
76	豫	豫北黄河故道	新乡市	24 780	天鹅、鹤类等珍禽及湿地生态系统	内陆湿地	国家级	1996-11-29	环保
77	豫	熊耳山	嵩县	34 000	森林生态系统	森林生态	省级	2004-12-01	林业
78	豫	嵩县大鲵	嵩县	600	大鲵及其生境	野生动物	县级	1998-01-01	农业
79	豫	栾川大鲵	栾川县	800	大鲵及其生境	野生动物	县级	1996-01-01	农业
80	豫	青要山	新安县	4 000	大鲵及其生境	野生动物	省级	1988-11-01	林业
81	豫	黄河湿地	洛阳市吉利区	68 000	湿地生态系统,珍稀鸟类	内陆湿地	国家级	1995-08-01	林业
82	豫	开封柳园口	开封市	16 148	湿地生态及冬候鸟	内陆湿地	省级	1994-06-09	林业
83	豫	郑州黄河湿地	郑州市	38 007	湿地生态系统及珍稀鸟类	内陆湿地	省级	2004-12-01	林业
84	鲁	宋江湖湿地	郓城县	350	湿地生态系统及珍稀鸟类	内陆湿地	县级	2005-12-01	其他

续附表

序号	省区	保护区名称	所在行政区域	总面积（hm²）	主要保护对象	GB类型	级别	始建时间（年-月-日）	主管部门
85	鲁	马庄流域	邹平县	1 247	森林植被、水源	森林生态	县级	1991-10-01	林业
86	鲁	引黄济青渠首鸟类	博兴县	300	鸟类及其生境	野生动物	县级	1992-12-01	林业
87	鲁	滨州贝壳堤岛与湿地	滨州市	80 480	贝壳堤岛、湿地、珍稀鸟类、海洋生物	海洋海岸	国家级	1998-10-01	海洋
88	鲁	鱼山	东阿县	5 333	森林生态系统、历史遗迹	森林生态	市级	2004-09-01	其他
89	鲁	景阳岗	阳谷县	5 333	森林及野生动植物	森林生态	市级	1994-10-01	其他
90	鲁	腊山	东平县	2 867	森林生态系统	森林生态	市级	2000-05-01	林业
91	鲁	东平湖	东平县	16 000	湿地生态系统	内陆湿地	县级	2000-05-01	林业
92	鲁	泰山	泰安市	11 892	森林生态系统	森林生态	省级	2006-02-01	林业
93	鲁	徂徕山	泰安市	10 915	森林生态系统	森林生态	省级	1999-11-01	林业
94	鲁	黄河三角洲	东营市	153 000	河口湿地生态系统及珍禽	海洋海岸	国家级	1990-12-27	林业
95	鲁	原山	淄博市博山区	13 914	石灰岩山地森林生态系统	森林生态	市级	1986-06-29	林业
96	鲁	鲁山	淄博市	4 000	森林生态系统	森林生态	省级	1986-08-26	林业
97	鲁	长清寒武纪地质遗迹	济南市长清区	262	寒武纪地层结构	地质遗迹	省级	2001-04-01	国土
98	鲁	柳埠	济南市历城区	3 420	防护林	森林生态	市级	2001-01-01	林业
99	蒙	腾格里沙漠	阿拉善左旗	1 006 450	沙漠生态系统	荒漠生态	省级	2003-01-01	林业
100	蒙	东阿拉善	阿拉善左旗	1 071 548	荒漠生态系统	荒漠生态	省级	2003-01-01	林业
101	蒙	阿左旗恐龙化石	阿拉善左旗	90 570	恐龙化石	古生物遗迹	省级	1999-06-01	国土
102	蒙	内蒙古贺兰山	阿拉善左旗	67 710	水源涵养林、野生动植物	森林生态	国家级	1992-10-27	林业
103	蒙	乌拉特恐龙化石	乌拉特后旗	3 249	恐龙化石	古生物遗迹	省级	2000-01-01	国土
104	蒙	乌拉特梭梭林-蒙古野驴	乌拉特后旗	68 000	梭梭林、蒙古野驴及荒漠生态系统	荒漠生态	国家级	1985-10-01	林业
105	蒙	乌拉山	乌拉特前旗	116 902	侧柏林及天然次生林	森林生态	省级	2003-01-01	林业

续附表

序号	省区	保护区名称	所在行政区域	总面积（hm²）	主要保护对象	GB类型	级别	始建时间（年-月-日）	主管部门
106	蒙	乌梁素海鸟类	乌拉特前旗	29 333	水禽及其生境	野生动物	省级	1993-03-01	林业
107	蒙	辉腾锡勒	察哈尔右翼中旗	16 750	草原,冰川遗迹	草原草甸	市级	1998-08-01	环保
108	蒙	马头山	凉城县	18 000	野生动物及其生境	野生动物	县级	1998-01-01	林业
109	蒙	蛮汉山	凉城县	30 000	森林及野生动植物	森林生态	县级	1998-01-01	林业
110	蒙	岱海	凉城县	13 121	湖泊湿地生态系统	内陆湿地	省级	1999-07-01	环保
111	蒙	中水塘温泉	凉城县	53	地热温泉	地质遗迹	县级	1999-01-01	国土
112	蒙	上高台	草资县	19 000	森林及野生动植物	森林生态	县级	1998-01-01	林业
113	蒙	红召	草资县	10 500	森林生态系统	森林生态	市级	2004-02-17	环保
114	蒙	白音格尔	杭锦旗	36 000	四合木,半日花等珍稀植物及其生境	野生植物	省级	2000-09-01	林业
115	蒙	大漠沙湖	杭锦旗	300	白天鹅等珍禽及其生境	野生动物	县级	2000-01-01	林业
116	蒙	杭锦淖尔	杭锦旗	85 750	黄河滩涂湿地及大天鹅,大天鹅等珍禽	内陆湿地	省级	2003-01-01	林业
117	蒙	库布其	杭锦旗	15 000	柠条及其生境	野生植物	省级	2000-09-28	林业
118	蒙	西鄂尔多斯	鄂托克旗	555 849	古老残遗种濒危植物及其生境	野生植物	国家级	1986-12-01	环保
119	蒙	鄂托克旗恐龙遗迹化石	鄂托克旗	46 410	恐龙足迹化石	古生物遗迹	国家级	2000-07-01	国土
120	蒙	鄂托克旗甘草	鄂托克旗	144 800	甘草及荒漠生态系统	野生植物	省级	2003-01-01	林业
121	蒙	毛盖图	鄂尔多斯前旗	83 246	荒漠植被及野生动植物	荒漠生态	省级	2003-01-01	林业
122	蒙	阿贵庙	准格尔旗	107	荒漠植被及其生境	野生植物	市级	1987-01-01	林业
123	蒙	准格尔地质遗址	准格尔旗	1 739	恐龙化石	古生物遗迹	省级	1999-01-01	国土
124	蒙	鄂尔多斯遗鸥	鄂尔多斯市	14 770	遗鸥及其生境	野生动物	国家级	1991-01-01	林业
125	蒙	巴音杭盖	达尔罕茂明安联合旗	49 650	荒漠草原生态系统	荒漠生态	省级	2001-12-01	林业
126	蒙	红花敖包	固阳县	6 000	荒漠草原生态系统	草原草甸	县级	2005-03-01	环保

续附表

序号	省区	保护区名称	所在行政区域	总面积（hm²）	主要保护对象	GB类型	级别	始建时间（年-月-日）	主管部门
127	蒙	春坤山	固阳县	9 500	山地草甸草原	草原草甸	县级	1999-01-01	环保
128	蒙	梅力更	包头市九原区	22 667	天然侧柏林	森林生态	省级	2000-12-01	林业
129	蒙	南海子湿地	包头市东河区	1 585	湿地生态系统及鸟类	内陆湿地	省级	2001-12-01	其他
130	蒙	黑虎山—鹰嘴山	清水河县	3 000	野生动物及其生境	野生动物	县级	2000-07-01	环保
131	蒙	摇林沟	清水河县	5 170	黄羊,梅花鹿及其生境	野生动物	市级	1997-10-01	林业
132	蒙	白二爷沙坝	和林格尔县	8 000	荒漠生态系统及野生动植物	荒漠生态	县级	1996-03-01	林业
133	蒙	东西摩天岭	和林格尔县	3 000	野生药用植物及其生境	野生植物	县级	2001-01-01	环保
134	蒙	石人湾	呼和浩特市赛罕区	3 000	天鹅,黑鹳等珍禽及其栖息地	野生动物	县级	2000-01-01	环保
135	蒙	大青山	呼和浩特市	226 544	森林生态系统	森林生态	国家级	2003-01-01	林业
136	晋	团圆山	石楼县	16 477	森林及褐马鸡,金钱豹等野生动植物	森林生态	省级	2002-03-01	林业
137	晋	蔚汾河	兴县	16 890	森林生态系统及褐马鸡,原麝	森林生态	省级	2002-06-01	林业
138	晋	黑茶山	兴县	25 741	森林生态系统及褐马鸡	森林生态	省级	2002-03-01	林业
139	晋	庞泉沟	交城县,方山县	10 466	褐马鸡及森林生态系统	野生动物	国家级	1980-12-01	林业
140	晋	薛公岭	离石市	19 977	森林生态系统及褐马鸡	森林生态	省级	2002-03-01	林业
141	晋	五鹿山	蒲县,隰县	20 617	褐马鸡及其生境	野生动物	国家级	1993-01-01	林业
142	晋	管头山	吉县	10 140	天然白皮松林	森林生态	省级	2005-01-01	林业
143	晋	人祖山	吉县	15 940	森林生态系统及褐马鸡,原麝	森林生态	省级	2002-06-20	林业
144	晋	红泥寺	安泽县	20 700	落叶阔叶林和针阔混交林	森林生态	省级	2005-01-01	林业
145	晋	贺家山	保德县	13 416	森林生态系统及褐马鸡	森林生态	省级	2005-01-01	林业
146	晋	芦芽山	宁武,岢岚,五寨	21 453	褐马鸡及华北落叶松,云杉次生林	野生动物	国家级	1980-12-01	林业
147	晋	大宽河	夏县	23 947	森林生态系统及金钱豹,金雕	森林生态	省级	2002-03-01	林业

续附表

序号	省区	保护区名称	所在行政区域	总面积（hm²）	主要保护对象	GB类型	级别	始建时间（年-月-日）	主管部门
148	晋	历山	垣曲县,沁水县等	24 800	森林植被及金钱豹、金雕等野生动物	森林生态	国家级	1983-12-01	林业
149	晋	涑水河源头	绛县	23 144	森林生态系统	森林生态	省级	2002-03-01	林业
150	晋	运城湿地	运城市	86 861	天鹅等珍禽及其越冬栖息地	野生动物	省级	2002-03-01	林业
151	晋	绵山	介休市	17 827	天然油松林及金钱豹等珍稀动植物	森林生态	省级	1993-01-01	林业
152	晋	韩信岭	灵石县	16 638	森林生态系统及珍稀动植物	森林生态	省级	2002-06-01	林业
153	晋	超山	平遥县	18 560	森林生态系统	森林生态	省级	2002-06-01	林业
154	晋	四县垴	祁县	16 000	森林生态系统及金钱豹、黄羊	森林生态	省级	2002-06-01	林业
155	晋	铁桥山	和顺县	38 974	油松次生林及金钱豹	森林生态	省级	2002-06-01	林业
156	晋	孟信垴	左权县	39 300	森林生态系统及金钱豹	森林生态	省级	2002-03-01	林业
157	晋	八缚岭	晋中市榆次区	15 267	森林生态系统及金钱豹	森林生态	省级	2002-06-01	林业
158	晋	桑干河	朔州市朔城区	60 787	迁徙水禽及其生境	野生动物	省级	2002-03-01	林业
159	晋	紫金山	朔州市朔城区	11 420	天然次生林	森林生态	省级	2002-06-01	林业
160	晋	陵川南方红豆杉	陵川县	21 440	南方红豆杉及其生境	野生植物	省级	2000-12-01	林业
161	晋	崤山	阳城县	10 009	森林生态系统	森林生态	省级	2002-07-01	林业
162	晋	阳城莽河	阳城县	5 600	猕猴、大鲵及野生动物	野生动物	国家级	1983-12-01	林业
163	晋	灵空山	沁源县	1 334	森林及野生动植物	森林生态	省级	1993-01-01	林业
164	晋	云顶山	娄烦县	23 029	森林生态系统及褐马鸡、金钱豹	森林生态	省级	2002-06-01	林业
165	晋	汾河上游	娄烦县	27 000	森林生态系统及褐马鸡、金钱豹	森林生态	省级	2002-06-01	林业
166	晋	凌井沟	娄烦县	24 920	森林生态系统及褐马鸡、金钱豹	森林生态	省级	2002-06-01	林业
167	晋	天龙山	阳曲县	2 867	森林生态系统及金雕、褐马鸡	森林生态	省级	1993-01-01	林业

参 考 文 献

［1］黄河水利委员会．黄河流域防洪规划［M］．郑州：黄河水利出版社，2008.

［2］刘晓燕．黄河环境流量［M］．郑州：黄河水利出版社，2009.

［3］张学成，潘启民．黄河流域水资源调查评价［M］．郑州：黄河水利出版社，2006.

［4］黄河流域水资源保护局．黄河水资源保护30年［M］．郑州：黄河水利出版社，2005.

［5］黄河水利委员会．黄河流域地图集［M］．北京：中国地图出版社，1989.

［6］黄河水利委员会．黄河流域综合规划（修编）［R］．2009.

［7］黄河水利委员会．黄河水资源综合规划［R］．2009.

［8］环境保护部，中国科学院．全国生态功能区划［R］．2008.

［9］环境保护部．全国生态脆弱区保护规划纲要［R］．2008.

［10］水利部．中国水功能区划［R］．2002.

［11］郝伏勤，黄锦辉，李群．黄河干流生态环境需水研究［M］．郑州：黄河水利出版社，2005.

［12］黄锦辉，史晓新，张蕾，等．黄河生态系统特征及生态保护目标识别［J］．中国水土保持，2006（12）：14-17.

［13］黄锦辉，郝伏勤，高传德，等．黄河干流生态与环境需水量研究综述［J］．人民黄河，2004，26（4）：26-27.

［14］国家林业局．中国湿地保护行动计划［M］．北京：中国林业出版社，2000.

［15］《三江源自然保护区生态环境》编辑委员会．三江源自然保护区生态环境［M］．西宁：青海人民出版社，2002.

［16］青海省工程咨询中心．青海三江源自然保护区生态保护和建设总体规划［R］．2004.

［17］国家林业局调查规划设计院．四川若尔盖湿地国家级自然保护区总体规划［R］．2007.

［18］甘肃省林业调查规划院．甘肃黄河首曲省级湿地自然保护区区划报告［R］．2005.

［19］宁夏回族自治区环境保护研究所．青铜峡库区湿地自然保护区总体规划［R］．2003.

［20］内蒙古自治区林业勘查设计院．内蒙古自治区杭锦淖尔自然保护区总体规划［R］．2002.

［21］内蒙古自治区林业勘查设计院．内蒙古南海子自然保护区总体规划［R］．2007.

［22］王华青，吴振海．陕西黄河湿地自然保护区综合科学考察与研究［M］．西安：陕西科学技术出版社，2006.

［23］山西省林业勘测设计院．山西运城湿地自然保护区总体规划［R］．2003.

［24］河南省林业厅野生动植物保护处．河南黄河湿地自然保护区科学考察集［M］．北京：中国环境科学出版社，2001.

［25］河南省林业调查规划院．河南省黄河湿地国家级自然保护区总体规划［R］．2004.

［26］王新民．豫北黄河故道湿地鸟类自然保护区科学考察与研究［M］．郑州：黄河水利出版社，1995.

［27］赵延茂，宋朝枢．黄河三角洲自然保护区科学考察集［M］．北京：中国林业出版社，1995.

［28］刘健康．高级水生生物学［M］．北京：科学出版社，2006.

［29］中国科学院动物研究所鱼类组成与无脊椎动物组．黄河渔业生物学基础初步调查报告［M］．北京：科学出版社，1959.

［30］黄河水系渔业资源调查协作组．黄河水系渔业资源［M］．沈阳：辽宁科学技术出版社，1986.

［31］黄河流域渔业资源管理委员会办公室．黄河流域渔业资源管理情况材料汇编［R］．2007.

［32］宁夏渔业局．黄河卫宁段兰州鲇国家级水产种质资源保护区规划［R］．2007.

［33］宁夏渔业局．黄河青石段大鼻吻鉤国家级水产种质资源保护区规划［R］．2007.

［34］内蒙古自治区水产管理站．黄河鄂尔多斯段黄河鲤兰州鲇国家级水产种质资源保护区总体规划［R］. 2007.

［35］高玉玲，连煜，朱铁群．关于黄河鱼类资源保护的思考［J］．人民黄河，2004（10）:12-14.

［36］沈红保，李科社，张敏．黄河上游鱼类资源现状调查与分析［J］．河北渔业，2007（6）:37-41.

［37］袁永峰，李引娣，张林林，等．黄河干流中上游水生生物资源调查研究［J］．水生态学杂志，2009,2（6）:15-19.

［38］邬建国．景观生态学——格局、过程、尺度与等级［M］．北京:高等教育出版社，2007.

［39］刘茂松，张明娟．景观生态学——原理与方法［M］．北京:化学工业出版社，2004.

［40］傅伯杰，陈利顶，马克明，等．景观生态学原理及应用［M］．北京:科学出版社，2001.

［41］李林，李凤霞，朱西德，等．黄河源区湿地萎缩驱动力的定量辨识［J］．自然资源学报，2009,24（7）:1246-1255.

［42］李林，李凤霞，郭安红，等．近43年来"三江源"地区气候变化趋势及其突变研究［J］．自然资源学报，2006,21（1）:79-85.

［43］王根绪，李元寿，王一博，等．近40年来青藏高原典型高寒湿地系统的动态变化［J］．地理学报，2007,62（5）:481-491.

［44］胡光印，董治宝，魏振海，等．近30年来若尔盖盆地沙漠化时空演变过程及成因分析［J］．地球科学进展，2009,24（8）:908-916.

［45］刘红玉，白云芳．若尔盖高原湿地资源变化过程与机制分析［J］．自然资源学报，2006,21（5）:810-818.

［46］赵魁义，何池全．人类活动对若尔盖高原沼泽的影响与对策［J］．地理科学，2000,20（5）:444-449.

［47］中国–瑞典–挪威合作项目组．内蒙古乌梁素海综合整治研究［R］. 2005.

［48］王效科，赵同谦，欧阳志云，等．乌梁素海保护的生态需水量评估［J］．生态学报，2004,24（10）:2124-2129.

［49］于瑞宏，李畅游，刘廷玺，等．乌梁素海湿地环境的演变［J］．地理学报，2004,59（6）:948-955.

［50］蒙荣，尚士友，谢玉红，等．乌梁素海生态修复规划设计［J］．内蒙古农业大学学报，2001,22（9）:61-65.

［51］尚士友，杜健民，厚福祥，等．乌梁素海生态恢复机理与工程技术的研究［J］．干旱区资源与环境，2003,17（6）:50-54.

［52］丁圣炎，梁国付．近20年来河南沿黄湿地景观格局演化［J］．地理学报，2004,59（5）:653-661.

［53］赵欣胜，崔保山，杨志峰．黄河流域典型湿地生态环境需水量研究［J］．环境科学学报，2005,25（3）:567-572.

［54］张晓龙，李培英，刘月良．黄河三角洲风暴潮灾害及其对滨海湿地的影响［J］．自然灾害学报，2006,15（2）:10-13.

［55］叶青超．黄河断流对三角洲环境的恶性影响［J］．地理学报，1998,53（5）:385-393.

［56］刘红玉，李兆富．流域湿地景观空间梯度格局及其影响因素分析［J］．生态学报，2006,26（1）:213-220.

［57］叶庆华，田国良，刘高焕，等．黄河三角洲新生湿地土地覆被演替图谱［J］．地理研究，2004,23（2）:257-264.

［58］郄金标，宋玉民，邢尚军，等．黄河三角洲系统特征与演替规律［J］．东北林业大学学报，2002,30（6）:111-114.

［59］刘高焕，叶庆华，刘庆生．黄河三角洲生态环境动态监测与数字模拟［M］．北京:科学出版社，2003.

［60］杨玉珍,刘高焕,刘庆生,等.黄河三角洲生态与资源数字化集成研究［M］.郑州:黄河水利出版社,2004.

［61］田家怡,王秀凤.黄河三角洲湿地生态系统保护与恢复技术［M］.青岛:中国海洋大学出版社,2005.

［62］连煜,王新功,黄翀,等.基于生态水文学的黄河口湿地生态需水评价［J］.地理学报,2008,63(5):451-461.

［63］连煜,王新功,刘高焕,等.基于生态水文学的黄河口湿地环境需水及评价研究［C］//黄河水利委员会.黄河国际论坛论文集——流域水资源可持续利用与河流三角洲生态系统的良性维持.郑州:黄河水利出版社,2007.

［64］刘高焕,Bas Pedroli,Michiel Van Eupen,等.黄河三角洲管理——一个在拥有动态湿地区域内的景观规划与生态学的挑战［C］//黄河水利委员会.黄河国际论坛论文集——流域水资源可持续利用与河流三角洲生态系统的良性维持.郑州:黄河水利出版社,2007.

［65］郝增超,尚松浩.基于栖息地模拟的河道生态需水量多目标评价方法及其应用［J］.水利学报,2008,39(5):557-561.

［66］王新功,宋世霞,王瑞玲,等.黄河三角洲湿地恢复各预案对指示物种生境适宜性的影响研究［C］//黄河水利委员会.黄河国际论坛论文集——流域水资源可持续利用与河流三角洲生态系统的良性维持.郑州:黄河水利出版社,2007.

［67］王新功,徐志修,黄锦辉,等.黄河河口淡水湿地生态需水研究［J］.人民黄河,2007,29(7):33-35.

［68］黄翀,刘高焕,王新功,等.黄河河口区湿地修复规划决策中的景观生态学方法研究［C］//黄河水利委员会.黄河国际论坛论文集——流域水资源可持续利用与河流三角洲生态系统的良性维持.郑州:黄河水利出版社,2007.

［69］王瑞玲,连煜,Michiel Van Eupen,等.基于LEDESS模型的黄河三角洲湿地植被演替研究［C］//黄河水利委员会.黄河国际论坛论文集——流域水资源可持续利用与河流三角洲生态系统的良性维持.郑州:黄河水利出版社,2007.

［70］王瑞玲,黄锦辉,韩艳丽,等.黄河三角洲湿地景观格局演变研究［J］.人民黄河,2008,30(10):14-17.

［71］葛雷,连煜,张绍峰,等.黄河三角洲湿地1D-2D联合模型水力条件的模拟［C］//黄河水利委员会.黄河国际论坛论文集——流域水资源可持续利用与河流三角洲生态系统的良性维持.郑州:黄河水利出版社,2007.

［72］娄广艳,范晓梅,张绍峰.黄河三角洲不同补水方案下地下水水位及水均衡影响研究［C］//黄河水利委员会.黄河国际论坛论文集——流域水资源可持续利用与河流三角洲生态系统的良性维持.郑州:黄河水利出版社,2007.

［73］王正兵,德克·舒万嫩博格,张绍峰,等.一维二维综合水力学数学模型在黄河河口三角洲的应用［C］//黄河水利委员会.黄河国际论坛论文集——流域水资源可持续利用与河流三角洲生态系统的良性维持.郑州:黄河水利出版社,2007.

［74］范晓梅,束龙仓,刘高焕,等.SOBEK和Visual MODFLOW联合模型在黄河三角洲的应用［C］//黄河水利委员会.黄河国际论坛论文集——流域水资源可持续利用与河流三角洲生态系统的良性维持.郑州:黄河水利出版社,2007.

［75］曹铭昌,刘高焕.黄河三角洲自然保护区丹顶鹤生境适宜性变化分析［C］//黄河水利委员会.黄河国际论坛论文集——流域水资源可持续利用与河流三角洲生态系统的良性维持.郑州:黄河水利出版社,2007.

［76］单凯,吕卷章.黄河三角洲自然保护区对淡水资源有效利用——以湿地恢复工程为例［C］//黄河

水利委员会.黄河国际论坛论文集——流域水资源可持续利用与河流三角洲生态系统的良性维持.郑州:黄河水利出版社,2007.

[77] 肖笃宁,胡远满,李秀珍,等.环渤海三角洲湿地的景观生态学研究[M].北京:科学出版社,2001.

[78] 李晓文,肖笃宁,胡远满.辽东湾滨海湿地景观规划各预案对指示物种生境适宜性的影响[J].生态学报,2001,21(4):550-560.

[79] 李晓文,肖笃宁,胡远满.辽河三角洲滨海湿地景观规划预案设计及其实施措施的确定[J].生态学报,2001,21(3):353-364.

[80] 关文彬,等.景观生态恢复与重建是区域生态安全格局构建的关键途径[J].生态学报,2003(1):64-73.

[81] Charles Simenstad, Denise Reed, Mark Ford. When is restoration not? Incorporating landscape – scale processes to restore self – sustaining ecosystems in coastal wetland restoration[J]. Ecological Engineering, 2006 (26): 27-39.

[82] Mary E Kentula. Perspectives on setting success criteria for wetland restoration[J]. Ecological Engineering, 2000 (15): 199-209.

[83] Harms W B, Knaapen J P, Rademakers J G M. Landscape planning for nature restoration: comparing regional scenarios // Vos C, Opdam P. Landscape ecology and management of a landscape under stress. IALE – studies 1. Chapman & Hall, London, 1993.

[84] Laura R Musacchio, Robert N Coulson. Landscape ecological planning process for wetland, waterfowl, and farmland conservation[J]. Landscape and Planning, 2001, 56: 125-147.

[85] M Van Eupen, et al. Landscape Ecological Decision & Evaluation Support System (LEDESS) Users Guide. Alterra – Report 447, Alterra, Green World Research, Wageningen, 2002.

[86] 徐建华.现代地理学中的数学方法[M].北京:高等教育出版社,2004.

[87] 许建民.黄河三角洲(东营市)湿地评价与可持续利用研究[D].北京:中国农业科学院研究生院,2002.

[88] 张建华.自然保护区评价研究[D].上海:华东师范大学,1992.

[89] 李静.三河湿地生态评价与保护研究[D].西安:陕西大学,2004.

[90] 湿地国际—中国项目办事处.湿地经济评价[M].北京:中国林业出版社,1999.

[91] 崔丽娟.湿地价值评价研究[M].北京:科学出版社,2001.

[92] 张峥,朱琳,张建文,等.我国湿地生态质量评价方法的研究[J].中国环境科学,2000,20(增刊):55-58.

[93] 张峥,张建文.湿地生态评价指标[J].农业环境保护,1999,18(6):283-285.

[94] 段晓男,王效科,等.乌梁素海湿地生态服务功能与价值评估[J].资源科学,2005,27(2):110-115.

[95] 崔保山,杨志峰.湿地生态系统健康评价指标体系Ⅰ.理论[J].生态学报,2001,22(7):1005-1011.

[96] 杨波.我国湿地评价研究综述[J].生态学杂志,2004,23(4):146-149.

[97] 郑允文,薛达元,张更生.我国自然保护区生态评价指标和评价标准[J].农村生态环境,1994,10(3):22-25.

[98] 欧阳志云,赵同谦,王效科,等.水生态服务功能分析及其间接价值评价[J].生态学报,2004,24(10):2091-2099.

[99] 戴森,伯坎普,斯肯伦.环境流量——河流的生命[M].郑州:黄河水利出版社,2006.

[100] 英晓明,李凌.河道内流量增加方法IFIM研究及其应用[J].生态学保护,2006,26(5):1567-

1573.

[101] 刘昌明,门宝辉,宋进喜. 河道内生态需水量估算的生态水力半径法[J]. 自然科学进展,2007,17(1):42-48.

[102] 杨志峰,张远. 河道生态环境需水研究方法比较[J]. 水动力学研究与进展,2003,18(3):295-310.

[103] 倪晋仁,金玲,赵业安,等. 黄河下游河流最小生态环境需水量初步研究[J]. 水利学报,2002(10):1-7.

[104] 孙义,邵东国,顾文权. 基于关键物种繁殖的汉江中游生态需水量计算方法[J]. 南水北调与水利科技,2008,6(31):97-100.

[105] 王玉蓉,李嘉,李克锋,等. 水电站减水河段鱼类生境需求的水力参数[J]. 水利学报,2007,38(1):701-111.

[106] 张文鸽,黄强,蒋晓辉. 基于物理栖息地模拟的河道内生态流量研究[J]. 水科学进展,2008,19(2):192-197.

[107] 李梅,黄强,张洪波,等. 基于生态水深——流速法的河段生态需水量计算方法[J]. 水利学报,2007,38(6):738-742.